4차 산업혁명 시대,
도시농업 힐링

4차 산업혁명 시대

도시농업
힐링

이강오 지음

한국경제신문i

프롤로그

'농자천하지대본農者天下之大本'

　'농업農業은 천하天下의 사람들이 살아가는 가장 근본根本'이라는 말로 우리 선조들은 예부터 농업을 적극 장려하고 가장 중요시했다. 하지만 이 말에 현대인은 얼마나 공감할까? 아마도 공감하는 사람은 많지 않을 것이다. '농자천하지대본農者天下之大本'이라는 문구조차 특정한 날에 울려 퍼지는 풍물패 공연에서나 볼 수 있는 풍경이다.

　우리나라 인구의 43.9%가 수도권에 살고 있다. 전체 인구의 97.9% 이상이 농업이 아닌 다른 일을 하면서 생활하고 있다. 물론 모두 농사를 짓고 생활해야 한다는 것은 절대 아니다. 산업 발전에 힘입어 옛날과 같이 농사를 짓지 않고 도시에서 살아가는 생활 패턴으로 바뀐 것이다. 대가족에서 핵가족으로, 주택에서 아파트로, 맞벌이 부부로, 아이들은 방과 후 학원으로, 식량 자급자족은 어렵게 됐다.

　1970년대 이후 급격한 산업 발전에 따른 도시화로 전통적인 생활방식이 너무 많이 변했다. 산업 발전으로 농업이 차지하는 비중은 매우 낮다. 사람들은 일자리를 찾아 농촌에서 도시로 몰려들었다. 도시 중심의 산업 발전과 경제성장은 가족 불화, 빈부 격차, 불균형 지역발전, 환경오염, 인구문제와 같은 많은 사회문제를 초래했다.

최근에는 '4차 산업혁명 시대'가 대두되고 있다. 우리의 생활과 삶은 얼마나 많이 변할 것인가? 미래의 생활이 기대되기도 하지만 한편으로는 걱정이 앞선다. 4차 산업혁명 시대에 사는 자신의 삶에 얼마나 만족하고 있지는 확인해보자.

- 현재의 삶은 행복하고 만족하는가?
- 가정에서 자녀와의 관계는 친밀한가?
- 게임이나 스마트폰 때문에 자녀와 다투지 않는가?
- 직장에서 동료 및 상사와의 관계는 원만한가?
- 매일 반복되는 무의미한 삶을 살고 있지는 않은가?
- 주위 사람과 소통은 잘 되는가?
- 주위의 사람을 돌아볼 여유가 있는가?
- 지속적인 직장생활이 가능한가?
- 노후생활에 대해 고민이 있는가?

필자는 이 책을 통해 도시농업 업무와 오랜 기간 도시농업을 실천하며 느낀 즐거움과 직접 체험한 효과를 많은 이들과 나누고자 한다. 도시농업은 항상 시간에 쫓기며 바쁘게 생활하는 도시인에게 힐링을 제공한다. 스마트폰에 빠진 청소년들은 자유와 즐거움을 느낄 수 있고, 인생 2막을 여는 중년 세대는 새로운 삶을 준비할 수 있다. 공동체 중심의 도시농업은 혼자 하는 것보다는 여러 명이 함께하기를 권한다. 새롭게 펼쳐지는 인생의 힐링과 활력소가 기다리고 있다.

이 책은 독자가 도시농업에 대한 전반적인 내용을 쉽게 이해하고 바로 실천하도록 구성했으며, 미래성장 산업으로 도시농업의 발전 방안을 제시했다.

제1장 '도시농업이란?'에서는 도시농업에 대한 정의 및 유형 등 전반적인 내용을 설명하고 실제로 도시농업을 적용할 수 있는 방법을 제시한다.

제2장 '왜 도시농업을 해야 하는가?'에서는 4차 산업혁명 시대에 살고 있는 현대인들이 도시농업을 해야만 하는 이유와 필요성에 대해 말한다.

제3장 '도시농업 실천하기'는 도시농업 초보자가 쉽게 실천할 수 있는 도시농업 활동과 체험 사례를 제시한다.

제4장 '도시농업 확장하기'는 도시농업 중급자와 고급자가 도시농업을 통해 공동체와 사회경제적으로 활동하는 사례를 제시한다.

제5장 '도시농업 힐링'은 도시농업 활동을 통해서 얻을 수 있는 즐거움, 힐링, 삶의 활력소, 자아성찰, 더불어 사는 사회, 도농 상생과 같은

다양한 효과를 제시한다.

제6장 '도시농업 미래 전망'은 여가·취미 도시농업 수준을 넘어 미래 성장 산업으로 발전할 수 있는 전략과 방안을 제시한다.

이 책을 통해 4차 산업혁명 시대에 흙을 밟으며 도시농업을 체험하고 실천해 새로운 삶의 가치를 찾기 바란다. 그 가치는 우리가 돈으로 살 수 없으며, 텃밭에서 수확한 농산물에 비교할 것이 아니다. 삶이 힘들고, 무의미하고, 시간에 쫓겨 나를 돌아볼 시간이 없다면 도시농업을 시작하라.

마지막으로 《도시농업 힐링》의 책 집필에 도움을 준 모든 분들과 부족한 필자의 원고를 흔쾌히 출간해주신 두드림미디어 한성주 대표님, 한국경제신문 한경준 대표님과 관계자 여러분께 감사드린다. 오랜 기간 동안 주말농장을 함께하고 묵묵히 응원해준 사랑하는 아내와 큰딸, 작은딸에게도 지면을 빌려 고마움을 전한다.

주말농장의 시원한 원두막에서

이강오

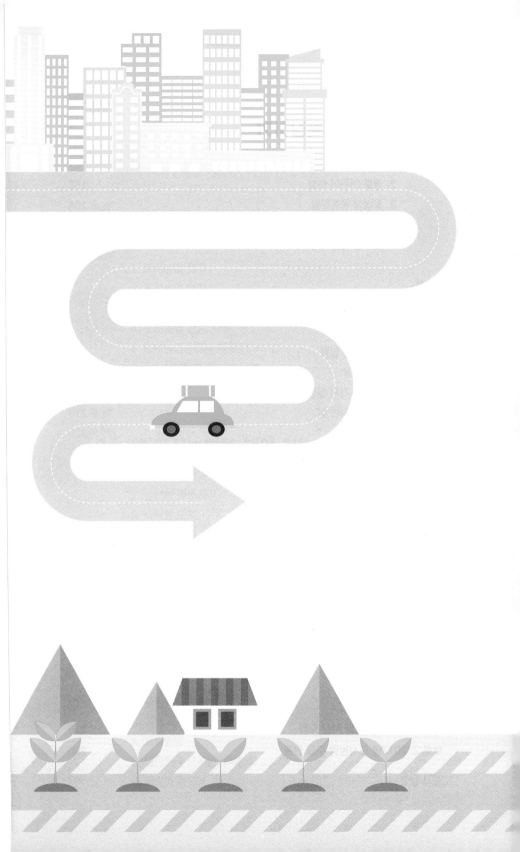

제 **1** 장

도시농업이란?

사의 시작을 알리고, 풍년을 기원하는 고사다. 시농제의 시작은 농장주의 발원문 낭독으로 시작한다. 농신에게 큰절을 하며 제를 지낸다. 제를 지내는 동안 흥겨운 풍물패의 장단은 계속된다. 시농제 의식을 마치고 참여 시민은 풍물패의 장단에 맞춰 흥겹게 어울려 춤을 춘다. 준비된 음식과 막걸리를 나눠 마시며 함께 어울린다. 이것이 도시농업의 시작인 것이다. 물론 시농제를 모두 지내는 것은 아니다. 어느 정도 규모가 있고 농업에 대해 의식을 갖는 단체에서 준비해 진행한다. 요즘 시농제 모습은 농촌보다는 도시농업을 하는 도시지역에서 접할 수 있다.

시골에서 자란 필자는 '시농제'가 정말 신선한 충격이었다. 시농제를 처음 보았기 때문이다. 현재 농촌지역에서는 하지 않는 행사를 도시지역에서 도시농부들이 하고 있었다. 물론 과거 농경 사회에서 빈번하게 행해졌던 전통놀이다. 하지만 급속한 산업화와 농업 생산량 증식을 목표로 하면서 전통적인 농업 의식들이 사라졌다. 마을 사람들이 서로 돕고 함께 짓던 농사방법이 많이 변했다. 이젠 농업 관련 전통적인 행사와 농업작업법은 농촌지역에서는 찾아보기 힘들다. 가장 큰 원인은 농촌 인구감소와 농업기계화다. 사람들은 힘든 농사일을 싫어한다. 젊은 사람은 힘든 농사일보다는 새로운 일자리를 찾아 도시로 몰려들었다. 이로 인해 농촌지역은 노동인력이 감소했다. 시골에 일할 젊은 사람이 없다. 설령 있다 하더라도 60세가 넘은 농업인이 대부분이다. 농촌지역의 노령화는 농촌의 큰 문제로 나타났다. 노동력이 많이 필요한 농업에서는 노동력 절감과 생산량 증식을 위해서 농업기계화는 필수적이었다. 농업기계화로 농업 생산방식은 완전히 바뀌었다. 예전에는 마을 사

도시농업의 5가지 유형 _____

    도시농업을 위한 공간은 우리 주변을 찾아보면 어디서나 가능하다. 건물 옆의 자투리땅, 베란다텃밭, 상자텃밭, 옥상텃밭, 주말농장, 학교 텃밭과 같이 다양하다. 도시농업의 주체는 도시민이다. 도시에서도 맘만 먹으면 언제 어디서나 농사를 지을 수 있다. 도시농업을 통해서 안전한 먹을 것을 얻고, 이웃과 소통하는 생활농업으로 충분하다.

    도시농업의 유형은 텃밭 형태, 재배 목적, 주요 기능, 텃밭 규모와 같은 것을 기준으로 5가지로 분류된다. 도시농업의 5가지 유형을 살펴보면 첫째, 거주 목적으로 하는 건물과 주변 토지를 이용하는 주택활용형 도시농업이다. 둘째, 도시공원과 같은 근린생활권에 있는 도시농장을 이용한 근린생활권형 도시농업이다. 셋째, 상업 목적으로 활용되고 있는 오피스텔이나 상가건물 및 부대 토지를 이용한 도심형 도시농업이다. 넷째, 공영농장과 민영농장 및 도시농업공원을 활용한 농장형·공원형 도시농업이다. 다섯째, 교육기관이 주체로 운영하는 학교교육형 도시농업으로 구분된다. 도시농업의 유형은 어떤 곳의 토지를 활용하느냐에 따라 분류한다.

    독자의 이해를 돕기 위해 「도시농업 육성 및 지원에 관한 법률」 제8조^{도시농업의 유형 등}에 명시된 도시농업 5가지 유형을 소개한다.

1. 주택활용형 도시농업 : 주택·공동주택 등 건축물의 내부·외부, 난간, 옥상 등을 활용하거나 주택·공동주택 등 건축물에 인접한 토지를 활용한 도시농업

2. 근린생활권 도시농업 : 주택·공동주택 주변의 근린생활권에 위치한 토지 등을 활용한 도시농업

3. 도심형 도시농업 : 도심에 있는 고층 건물의 내부·외부, 옥상 등을 활용하거나 도심에 있는 고층 건물에 인접한 토지를 활용한 도시농업

4. 농장형·공원형 도시농업 : 제14조의 공영도시농업농장이나 제17조의 민영도시농업농장 또는 「도시공원 및 녹지 등에 관한 법률」 제2조에 따른 도시공원을 활용한 도시농업

5. 학교교육형 도시농업 : 학생들의 학습과 체험을 목적으로 학교의 토지나 건축물 등을 활용한 도시농업

도시농업 현황

'프랑스 농업정보 전문잡지 기자가 전화했음, 전화요망 010-****-****, PM 14:40'

올해 1월, 외근을 다녀오니 컴퓨터 모니터에 메모지가 붙어 있다. 프랑스 농업 전문잡지 L'Information Agricole의 기자로부터 전화가 왔다고 한다. 요지는 한국 도시농업 현황에 대해서 취재하고 싶다는 내용이었다. 전화는 밀린 일 때문에 미뤄졌다. 급하게 요청받은 자료를 작성하고 있는데 전화벨이 울렸다. 도시농업 취재를 요청하는 전화였다. 프랑스 농업 전문잡지 기자를 개인적으로 잘 알고 있어서 부탁을 받았다고 한다. 인터뷰할 때 통역은 해주겠다고 했다. 필자는 한국 도시농업을 프랑스에 알리는 좋은 기회라 생각해 흔쾌히 승낙했다. 인터뷰 날짜는 2월 6일로 잡았다.

약속한 날 프랑스 농업정보 전문지 기자와 통역을 할 분이 오셨다. 통역할 분은 공주대학교 불문과 교수라고 소개했다. 우리는 2시간 동안 한국 도시농업에 대해서 질문과 답변을 했다. 프랑스 기자는 우리 원에 방문하기 전에 서울의 텃밭보급소, 인천도시농업네트워크와 같은 도시농업 단체를 취재했다. 서울시의 활발한 도시농업 활동에 놀라워했다. 한국에서 도시농업이 활발한 이유가 궁금했고 도시농업 정책지원에 관심이 많았다. 인터뷰를 마치고 프랑스의 도시농업 활동에 대해서도 많은 이야기를 나눴다. 인터뷰 내용과 한국의 도시농업 소개는 프랑스 농업정보 잡지 2월호에 게재됐다. 해외 잡지에 우리 원에서 추진하고 있는 도시농업의 사례와 역할이 소개돼 기분이 좋았다.

한국의 주말농장 ____

국내외 도시농업의 현황을 살펴보기로 하자. 먼저 국내 도시농업은 식품안전성, 불안정한 농산물 가격, 환경문제와 같은 이유로 시작했다. 우리나라의 도시농업은 텃밭 재배가 기초가 됐다. 도시 내의 빈터, 베란다, 주택건물의 텃밭, 옥상, 상자텃밭과 같은 것을 활용해 작물을 재배했다. 재배지역은 주말농장, 관광농원, 학교텃밭, 복지텃밭과 같이 범위가 확대됐다.

초창기에 도시의 유휴지, 빈 공간, 자투리땅을 불법 경작하면서 땅주인과 마찰이 발생하기도 했다. 현재는 전국의 지자체가 도시농업공원 조성과 공영도시농업농장을 만들어 도시농업 공간이 많아졌다. 공영도 시농업농장은 지자체가 직접 운영하거나 민간단체인 도시농업지원센 터에서 위탁 운영하고 있다. 도시농업지원센터는 텃밭을 분양받은 도 시민들에게 도시농업에 대한 기초교육을 지원해 초보자도 쉽게 농사를 지을 수 있도록 했다. 각 지방자치단체에서는 도시농업 관련 조례를 제 정해 도시농업 활성화에 노력하고 있다. 도시농업 민간단체는 다양한 도시농업 프로그램을 개발해 도시민의 참여를 유도하고 있다.

최근 생활 수준의 향상으로 도시농업에 대한 관심이 증가했다. 농 림축산식품부 실태조사에 따르면 도시농업 참여자 수는 2011년 37만 3,000명에서 2017년 160만 명으로 6년 동안 5배 이상 증가했다. 텃밭 면적은 2011년 485ha에서 4,960ha^{2017}로 10배 이상 늘어났다. 도시농 업 활성화에 따른 도시농업 민간단체도 많이 만들어져 활동하고 있다. 대표적인 민간단체가 '도시농업지원센터'와 '도시농업 전문인력양성기 관'이다. 도시농업지원센터는 텃밭 운영관리, 도시농업 기초교육을 담 당하고, 도시농업 전문인력양성기관은 도시농업 전문가를 양성한다.

우리나라 도시농업은 작물 재배를 통한 자급자족 기능도 있지만 새 로운 가치를 창출하는 역할이 강하다. 도시농업을 통해 힘들고 지친 현 대인에게 의미 있는 여가 생활과 정서적으로 힐링을 제공한다. 사회적 문제인 가족 간의 소통과 이웃 간의 교류도 할 수 있다. 사회복지시설 의 원생들을 대상으로 재활과 치유기능에도 폭넓게 활용한다.

영국의 얼롯먼트 Allotment

　영국 얼롯먼트의 기원은 16세기 말 엘리자베스 1세 여왕이 도시 빈민들을 위해서 '할당 채소 재배지역'을 만들어 보급한 것이다. 당시 도시 빈민들은 자급자족의 수단으로 이용했다. 이후 산업혁명으로 인해 빈부 격차가 심해지고 도시 빈민들의 삶은 어려워지면서 다시 도시농업에 관심이 높아졌다. 영국 의회는 1887년 소규모 농지를 원하는 실업자, 빈민층에게 보급하기 위해서 '얼롯먼트와 농가정원 보상법'을 제정했다. 1918년에는 도시민들의 수요와 참여를 기반으로 할당 채소 재배지역은 150만 개로 확대됐다. 도시민들은 얼롯먼트를 통해서 먹거리를 해결할 수 있었다.

　영국의 얼롯먼트는 우리나라의 주말농장과 유사하다. 도시민은 임대한 토지에서 작물을 재배한다. 토지에서 재배된 작물은 자급자족이 목적이다. 영국의 얼롯먼트에서 생산된 농산물은 판매가 금지돼 있다. 얼롯먼트의 기능은 작물 재배, 이웃과 소통, 텃밭교육과 같은 역할도 수행한다. 도시의 높은 토지 가격을 고려하면 임대를 기다리는 도시민에게 인기가 매우 높다. 최근에는 인터넷 웹페이지를 통해서 경작 희망자와 토지 소유자를 서로 연결해주는 사이트도 운영된다. 2015년 기준으로 인터넷에서 연결해주는 얼롯먼트는 약 3,558개로 활발하게 이뤄지고 있다.

4차 산업혁명 시대, 도시농업 힐링

독일의 클라인가르텐 Kleingarten _____

독일의 클라인가르텐은 작은 정원이란 뜻이다. 텃밭 딸린 별장으로
불리기도 한다. 클라인가르텐의 시작은 1800년대. 당시 의사였던 슈
레버 박사 Schreber, Dr. med. Daniel Gottlob Moritz, 1808~1861의 특이한 환자 처방
에서 시작됐다. 진료를 받으러 온 환자들에게 "햇볕을 쬐고 맑은 공기
를 마시며 흙에서 푸른 채소를 가꾸라"고 처방한다. 특히, 자라나는 어
린이에게 맑은 자연환경 속에서 마음껏 뛰놀고 운동할 수 있는 터전을
마련해주었다. 1921년 클라인가르텐 협회가 설립됐고 독일 각 시에서
운영하는 클라인가르텐은 1만 5,200개 협회가 있으며, 회원도 130만
명 정도다.

클라인가르텐은 먹을 것을 생산하기보다는 여가 활동 및 레크리에이
션의 공간으로 활용된다. 또한, 청소년의 육체적 건강, 정신적인 건강
증진과 같은 치유적 기능을 많이 포함하고 있다. 클라인가르텐은 녹지
로 규정돼 있어서 숙박은 금지한다. 농장에서는 농약이나 화학비료 사
용을 해서는 안 되며, 친환경 순환농업을 권장한다. 클라인가르텐을 희
망하는 사람은 협회에 가입하고, 가입자는 공유지를 정원으로만 사용
해야 한다. 협회는 시민들에게 자연생태공원의 중요성을 알리는 역할
을 하고 있다.

러시아의 다차 _{Dacha}

   러시아의 다차는 자연을 즐기기 위한 텃밭 딸린 통나무로 만든 별장이다. 다차의 유형에는 자급자족형과 별장형이 있다. 요즘은 농촌에 위치하며 주택과 함께 큰 규모로 호화롭게 조성되고 있다. 처음엔 러시아의 고위관료나 부유층이 휴가를 보내기 위한 것이었다. 일반인에게 보편화된 것은 1970년대 말에 정부가 직장인에게 무상으로 분배하면서부터다. 러시아 80% 이상의 국민이 다차를 소유하고 있다. 도시로부터 100~200km 정도 떨어져 있다. 수도와 전기는 공급되나 난방시설은 없다. 대체로 5~10월에 텃밭을 가꾸며 휴식을 즐긴다. 구소련이 붕괴될 때 다차의 먹거리로 자급자족할 수 있었다. 다차에서 생산한 국내농산물은 감자 83% 및 채소 70% 이상이다. 다차 소유자는 재배한 농산물의 생산량이 많은 경우 판매가 가능하다.

일본의 시민농원

   일본에서는 영국의 얼롯먼트, 독일의 클라인가르텐, 러시아의 다차와 같은 도시농업 모델을 변형해 받아들였다. 일본의 시민농원은 농지가 없는 사람이 레크리에이션, 자급자족, 체험학습과 같은 활동을 목적으로 채소나 꽃을 재배한다. 농장 장소, 개설 주체, 기능에 따라 다양하게 나뉜다. 머무는 형태에 따라 당일형과 체재형, 지역에 따라서는 도시형과 농촌형이 있다. 시민농원의 운영은 대부분 지자체가 한다. 경제성이 낮아서 민간법인보다는 NPO^{Non Profit Organization} 단체가 주로 위탁 운영하고 있다. 운영단체는 시민농장에 참여한 시민들에게 작물 재배법을 지도해준다. 현재 시민농원은 개설 근거에 따라 농지를 시민농원 소유로 하고 이용자에게 빌려주는 형태와 일반 농가의 농지에서 이용자가 농장을 이용하는 방식으로 나뉜다.

미국의 커뮤니티 가든 Community Garden

미국의 도시농업 운영방법은 크게 3가지 유형으로 나눈다. 첫째는 민간운영, 둘째는 공공기관이나 시민단체, 셋째는 지방자치단체가 직접 운영하는 방법이다. 미국 도시농업은 승리정원Victory Garden, 키친 가든 Kitchen Garden, 커뮤니티 가든Community Garden과 같이 다양하다. 승리정원은 제2차 세계대전 때 백악관에 만들었다. 지자체 주도로 사기 진작이 목적이었다. 키친 가든은 어린이의 비만 퇴치를 위해 백악관 내 텃밭에 만들었던 어린이를 위한 학교텃밭이다. 커뮤니티 가든은 이웃과 농사를 지으며 소통할 수 있다. 우리나라의 주말농장과 가장 비슷하다. 최초 커뮤니티 가든은 1890년대 만들어져 운영하고 있다.

미국 시애틀의 대표적인 커뮤니티 가든인 P-패치P-Patch는 유기농으로 곡식, 화훼, 허브, 과실수 등을 혼합해서 경작하며, 커뮤니티 가드닝 프로그램을 운영한다. P-패치는 워싱턴대학 농업학과 학생들이 실습 장소로 이용하고 수확된 농산물을 지역 어려운 이웃에게 나눠주면서 시애틀 특유의 '공동체 텃밭 운동P-패치'으로 시작했다. P-패치 커뮤니티 가든에 참여하기 위해서는 임대료와 연간 8시간 이상의 자원봉사를 해야 한다. 2016년 기준으로 시애틀에 P-패치 커뮤니티 가든은 88개 있으며, 참여하는 시민이 6,800여 명이다.

국내 도시농업은 영리를 목적으로 하지 않는다. 도시농업의 목적은 안전한 먹거리의 자급자족이 최우선이다. 도시농업 활동으로 생산한 농산물의 양은 많지 않다. 다소 양이 많더라도 돈을 주고 팔기보다는 이웃에게 나눠준다. 오가는 나눔 속에 정이 싹튼다. 다른 하나의 목적은 새로운 가치 발견이다. 도시농업을 함으로써 힐링하고, 즐기고, 소통하고, 여가 활동을 한다. 도시농업을 하면 삶이 풍요로워지고 활력이 넘친다.

도시농업 활동 분야

　도시농업은 텃밭 재배가 대표적인 활동이다. 텃밭 재배는 다양한 공간의 토지를 사용한다. 도시의 빈 공터, 주택의 마당, 건축물의 옥상, 실내 베란다, 상자텃밭, 도시농업공원, 도시근교의 농장 같은 곳이다. 자투리 텃밭은 초기에는 개인이 무단으로 점용했으나 지자체에서 텃밭을 조성해 주말농장으로 활용한다. 옥상텃밭과 베란다텃밭은 거리 이동 없이 손쉽게 작물을 재배한다. 최근 많은 지자체에서는 도시공원을 주말농장으로 조성해 시민에 분양한다. 상자텃밭은 공간 제약을 받지 않는다. 텃밭상자만 놓을 수 있는 곳이면 충분하다. 도시지역의 비싼 토지 가격과 부족한 공간에서 도시농업을 하고 있다.

　도시농업의 활동은 다양한 범위에서 이뤄진다. 도시에서 직장에 다니면서 농사를 충분히 지을 수 있다. 여가 시간을 활용해 도시농업 활동을 할 수 있다. 주말농장이나 텃밭에 채소를 기를 수 있다. 논 학교에 입학해 벼를 재배할 수 있다. 작물이 아닌 곤충 사육이나 벌을 키울 수 있다. 아파트 생활에 공기정화를 위해 실내 정원을 조성한다. 도시미관을 위해 자투리땅에 꽃을 재배한다. 도시농업 활동은 어렵지 않다. 마음만 먹으면 언제든지 할 수 있다. 아직 마음에 여유가 없어서 미루고 있을 뿐이다.

주말농장 _____

전국의 텃밭 수는 12만 1,605개다. 주말농장은 지자체에서 운영하는 공영 주말농장과 개인 농가가 운영하는 민간 주말농장으로 분류된다. 공영 주말농장이 텃밭 규모와 비용 면에서 조건이 좋다. 하지만 분양신청에 경쟁률이 높다. 텃밭 규모는 $10m^2$ [3평], $16.5m^2$ [5평], $33m^2$ [10평] 단위로 분양한다. 분양가격은 1년에 6만 원, 10만 원, 12만 원이다. 주말농장은 바로 작물을 심을 수 있도록 만들어준다. 일정한 크기로 만들어 번호표시판을 꽂아 텃밭 주인을 표시한다. 분양받은 텃밭에 자신이 원하는 작물을 심고 가꾸면 된다.

주말농장은 다양한 편의시설을 제공한다. 예를 들면, 물을 줄 수 있는 물탱크와 작업이 힘들 때 쉴 수 있는 쉼터, 차를 주차할 수 있는 주차장이다. 쉼터는 인기가 좋아 자리를 잡기가 어려울 때도 있다. 여러 가지 편의시설은 민영보다 공영 주말농장의 시설이 좋다. 지자체는 시민들의 수요를 반영해 매년 공공 텃밭 조성을 확대하고 있다. 최근 주말농장의 인기가 높아 도시근교 지역에서 농업인이 운영하는 민간 주말농장이 늘어나고 있다.

옥상텃밭

옥상텃밭을 조성하는 방법은 용기형, 베드형, 포설형 3가지로 나눌 수 있다. 용기형은 화분이나 스티로폼 박스, 항아리, 플라스틱 상자와 같은 것을 이용해 작물을 재배한다. 재료를 손쉽게 구할 수 있는 장점이 있다. 공간배치도 자유롭게 한다. 손쉽게 좁은 공간에 조성한다. 단독주택 건물은 아주 유용하다. 베드형은 방부목이나 벽돌을 이용해 틀을 만들고 흙을 채워 만든다. 흙이 옥상 바닥과 직접 닿는 경우 방수에 신경을 써야 한다. 용기형보다는 넓은 텃밭을 조성한다. 빌딩이나 근린시설 건물도 이용된다. 포설형은 옥상 바닥에 콘크리트로 고정 틀을 만들고 바닥에 직접 흙을 깔아 텃밭을 만든다. 주로 대규모 옥상텃밭을 조성할 때 이용한다. 건물의 하중과 방수를 고려해 건축물 설계단계부터 고려해야 한다. 정부세종청사 건물 옥상에는 멋있는 옥상정원이 조성돼 있다. 옥상정원은 3.7km로 세계 최대 규모로 기네스북에 등재됐다.

옥상텃밭은 언제든지 자유롭게 이용한다. 단독주택지라면 아침에 일찍 일어나 쌈채소를 수확해 맛있는 아침을 먹을 수 있다. 저녁이면 가족이 모여서 신선한 채소와 더불어 바비큐를 즐길 수 있다. 멀리 나가지 않아도 도심 속에서 힐링할 수 있다. 또한, 뜨거운 여름 옥상 단열효과도 가능하다.

베란다텃밭

아침에 일어나 커튼을 걷고 베란다의 작물을 본다. 싱싱하게 잘 자란 채소를 보면 대견스럽다. 아침밥을 먹기 전에 베란다의 텃밭상자에 물을 준다. 우리가 살고 있는 주택을 보면 베란다는 모두 갖고 있다. 베란다에 화분 한두 개는 키우고 있다. 햇볕이 가장 많이 드는 곳이 베란다다. 채광시간이 하루 5시간 이상이면 충분하다. 꽃을 키우던 베란다에 텃밭상자를 들여놓아 채소를 기르는 가정이 많이 늘어나고 있다. 도시에 농사지을 땅을 구하기 힘들어 베란다에서 채소를 길러 먹는다. 많은 시간을 들이지 않고도 베란다에서 작물을 키울 수 있다. 1년 365일 싱싱한 채소를 얻을 수 있다. 베란다에서 작물을 재배할 때는 환기를 주기적으로 시켜줘야 한다. 환기가 되지 않으면 작물 생육에 나쁜 영향을 줄 수 있기 때문이다. 도시의 대표적인 건물이 아파트다. 우리나라 인구 중 60% 이상이 아파트에 살고 있다. 아파트에서도 작물을 충분히 재배할 수 있다. 하지만 요즘은 아파트 분양할 때 거실을 확장해 베란다 없는 가정이 늘어나고 있다.

베란다텃밭을 재배할 때는 지렁이를 키우는 것이 좋다. 상자텃밭 속의 지렁이는 대단한 분해자다. 음식물 쓰레기를 텃밭 상장 흙 속에 묻어두면 3~4일 지나면 모두 분해돼 영양분 많은 흙이 된다. 별도의 거름이 필요 없다. 이것만으로 충분하다.

실내 정원 _____

봄철이면 연일 계속되는 미세먼지나 황사는 일상생활에 제약을 준다. 도시의 오염된 환경은 외부뿐만 아니라 내부에도 영향을 준다. 미국의 환경부는 '현대인의 건강을 해치는 5대 요인 중 하나가 실내 공기'라고 했다. 현대인은 90% 이상 실내에서 생활한다. 외부 공기가 나쁘니 창문을 열어 환기하기도 어렵다. 궁여지책으로 공기청정기를 설치해 연속해서 가동하지만 역부족이다. 오염된 실내 공기를 정화하기 위해서 다양한 원예식물을 재배한다. 실내 공기의 오염원은 포름알데히드, 휘발성 유기화학물, 일산화탄소와 같은 것이다. 포름알데히드는 새집 증후군의 주요 요인이다. 포름알데히드는 양치류가 가장 효과가 있다. 정화가 탁월한 식물은 고비, 부처손, 남천, 황칠나무, 구아바, 관음죽, 접란, 라벤더와 같은 것이다. 미세먼지의 입자 크기는 2.5㎛ 미만이다. 미세먼지는 식물 기공에 직접 흡수되거나 잎 표면 털에 흡착돼 제거된다. 이사 선물로 화장지나 세제보다 실내 공기정화 식물을 선물한다. 비용은 다소 비싸지만 실속있다. 무엇보다 집주인이 좋아한다.

논농사

어릴 적에 부모님의 벼농사 일을 도왔다. 모판 만들기, 못자리, 모내기, 논두렁 깎기, 벼 베기와 같은 논농사 일을 했다. 논농사 일은 너무 힘들어 하기 싫었다. 처음엔 멋모르고 도와드렸는데, 나중에는 도서관에 공부하러 간다고 핑계 대며 일을 회피했다. 하지만 30여 년이 지난 지금은 논농사가 그리운 향수로 남는다. 도시에서 텃밭농사가 아닌 논농사를 짓는다는 것은 쉽지 않다. 도시에서 논농사를 지을 땅이 없다. 인터넷 검색과 수소문 끝에 논농사를 배울 수 있는 곳을 찾았다. 도시농부 단체가 '논학교'라는 프로그램을 운영해 공동으로 논농사를 짓고 있다. 논학교 프로그램은 1,000~1,200m²400평 규모의 논을 임대한다. 도시농업단체는 논학교 수강생을 모집한다. 논학교 참여 수강료는 1년에 20~30만 원이다. 교육 프로그램은 연 15강으로 진행되며, 4월에 시작해 11월까지 월 1~2회씩 매회 4시간씩 진행된다. 입학식 첫날 벼농사에 대해 이론 수업을 한다. 두 번째 강의부터는 현장 논에서 대부분 진행한다. 볍씨 담그기부터 탈곡까지 벼 생육의 전 과정을 배운다. 농사에 농기계를 전혀 사용하지 않고 옛날 전통 재배방식으로 논농사를 짓는다. 논학교과정이 끝나면 수확된 쌀로 떡을 만들어 나눠 먹는다. 생산된 쌀의 일부5~10kg를 기념으로 받는다. 논농사를 지으면서 무엇보다 즐거운 것은 논두렁에서 휴식시간을 갖고 먹는 새참이다. 새참에는 역시 막걸리가 최고다. 땀 흘린 후에 논두렁에 앉아 먹는 막걸리 맛은 먹어본 사람만이 안다.

양봉

양봉은 꿀벌을 키워 꽃에서 꿀을 채집해 생산한다. 꿀벌은 겨울에 먹기 위해 꽃이 만개한 5월에서 10월 사이에 꿀과 화분을 모으는 활동이 활발하다. 양봉의 생산물로는 벌꿀, 화분, 로열젤리, 프로폴리스와 같은 것이 있다. 벌꿀은 채집되는 시기에 따라서 유채꿀, 아카시아꿀, 밤꿀, 잡화꿀, 싸리꿀같이 여러 종류의 이름이 붙여진다. 꿀벌은 양봉꿀벌로 불린다. 몸통 길이는 1.2cm로 계통에 따라 크기와 색깔이 다르다. 꿀벌은 역할에 따라 일벌, 여왕벌, 수벌의 3종류로 분류돼 사회생활을 한다. 꿀벌의 수명은 여름철에는 45일, 그 외 기간에는 3개월 정도다. 일생 동안 고된 중노동과 꿀을 모으기 위해 고생을 많이 하다 보니 생명이 짧다. 자기가 모아 놓은 꿀은 먹지도 못한다. 일벌과 달리 로열젤리를 계속 먹은 여왕벌은 3~4년 정도 오래 산다.

과연 도시에서 양봉이 가능할까? 요즘 도시에서 양봉하는 사람을 간혹 본다. 양봉의 규모에 따라서 벌통 수가 10통 이하는 '취미 양봉', 50통 이하는 '부업 양봉', 80통 이상은 '전업 양봉'이라 한다. 벌은 겨울에 먹고 살 꿀을 모으기 위해 꽃을 찾아다닌다. 번잡한 도시에도 공원과 인근 산이 있어 꿀벌이 살기엔 충분하다. 꿀벌의 행동반경은 약 4km 정도다. 꽤 멀리 꽃을 찾아 날아간다. 꿀벌이 도시에서 살아간다는 것은 그만큼 자연 생태환경이 좋다는 뜻이다.

04

도시농업 활동 지원

도시농업이 본격화되고 있다. 도시농업은 2015년 도시농업 단체들이 4월 11일을 '도시농업인의 날'로 선포하면서 시작됐다. 도시민들의 농사 체험 의욕이 충만해지는 4월과 흙이 연상되는 11일을 합쳐 기념일로 정한 것이다. 흙의 날인 3월 11일과 농업인의 날인 11월 11일도 흙과 연계된 11일을 기념일로 정한 것을 참고했다. 올해는 3월 21일 도시농업법의 개정·공포와 함께 도시농업의 날이 법정 기념일로 지정돼 의미를 더했다.

　　－ '도시농업, 농업·농촌가치 재인식', 〈한국농어민신문〉, 2017.04.11.

2011년 11월에 '도시농업 육성 및 지원에 관한 법률'이 제정됐다. 2017년 3월 21일에는 도시농업의 범위가 확대돼 개정됐다. 주요 개정내용은 첫째, 도시농업은 농작물 경작뿐 아니라 수목이나 화초 재배와 곤충 사육을 포함한다. 둘째, 도시농업의 날을 4월 11일로 지정한다. 셋째, 도시농업 전문가 양성을 위해서 '도시농업관리사' 국가자격증 제도 도입이다. 2017년도 국회에서 열린 '도시농업의 날' 행사는 법 지정 이후 처음으로 열리는 행사로 의미가 있다. 도시농업의 날은 도시농업의 가치와 활동을 알리는 좋은 방법이다. 국회에 마련한 상생 텃밭은 국회의장을 비롯한 20여 명의 국회의원에게 6.6㎡씩 분양했다. 분양된 각자의 텃밭에 작물과 꽃을 심고 관리한다. 국정에 바쁜 국회의원도 틈틈이 텃밭을 둘러보고 관리할 것이다. 미국 도시농업의 기폭제가 된 '영부인 미셸 오바마의 백악관 텃밭 가꾸기'가 생각난다. 도시농업에 많은 관심과 활동을 기대한다.

도시농업은 단순하게 작물을 재배하는 행위로 제한하기보다 새로운 가치로 해석된다. 도시에서 농사 체험을 하면 농업에 대한 가치와 중요성에 대해 이해할 수 있다. 삭막한 도시에서 농사 활동으로 건강한 여가 생활과 취미로 안정감을 준다. 매일 바쁘게 살고 있는 도시인에게 스트레스 해소로 신체적 건강과 정신적 건강에 영향을 준다. 도시농업의 자투리땅과 옥상을 이용한 텃밭 활동은 산소 공급, 에너지 절감, 벌과 나비의 생태 공간과 같은 공익적 기능을 제공한다. 도시농업은 농약이나 화학비료를 사용하지 않고 재배하기를 권장한다. 도시에서 텃밭 활동은 개인적 이익은 물론 공익적 가치에도 도움이 된다. 도시농업의 참여자가 올바른 농사를 짓기 위해서는 작물 재배방법과 기술의 교육이 필요하다. 도시농업을 처음 시작하는 도시민에게는 더욱 도움이 필요하다. 도시농업의 진정한 가치와 중요성을 인식할 수 있어야 한다.

도시농업지원센터

　도시농업을 처음 시작하기란 쉽지 않다. 어떻게 시작해야 할지도 모른다. 어디서 텃밭을 가꾸어야 할지도 모른다. 이러한 도시농업을 할 수 있도록 도와주는 곳이 있다. 바로 도시농업지원센터다. 도시농업지원센터는 도시민 대상으로 도시농업 관련 교육 및 텃밭 활동을 지원한다. 도시농업지원센터는 농림축산식품부장관과 지방자치단체장에게 신청하면 관련 규정심사를 거쳐서 지정된다. 2018년 4월 기준 도시농업지원센터는 55개 기관이 있다. '도시농업 육성 및 지원에 관한 법률'에 따르면 도시농업지원센터는 다양한 업무와 역할을 한다. 첫째, 도시농업의 공익기능에 관한 교육과 홍보다. 둘째, 도시농업 관련 체험 및 실습 프로그램의 설치와 운영이다. 셋째, 도시농업 관련 농업기술의 교육과 보급이다. 넷째, 도시농업 관련 텃밭 용기, 종자, 농자재와 같은 것의 보급과 지원이다. 다섯째, 도시농업 관련 교육훈련을 위해서 필요하다고 인정되는 활동을 지원한다.

제10조 도시농업지원센터의 설치 등 ① 국가와 지방자치단체는 도시농업의 활성화를 위하여 도시농업인에게 필요한 지원과 교육훈련을 실시할 수 있다.

② 농림축산식품부장관과 지방자치단체의 장은 제1항에 따른 지원과 교육훈련을 위하여 농림축산식품부령으로 정하는 바에 따라 다음 각호의 사업을 수행하는 도시농업지원센터를 설치하여 운영하거나 적절한 시설과 인력을 갖춘 기관 또는 단체를 도시농업지원센터로 지정할 수 있다.

1. 도시농업의 공익기능 등에 관한 교육과 홍보
2. 도시농업 관련 체험 및 실습 프로그램의 설치와 운영
3. 도시농업 관련 농업기술의 교육과 보급
4. 도시농업 관련 텃밭 용기 상자, 비닐, 화분 등을 이용하여 흙이나 물을 담아 식물을 재배할 수 있는 용기를 말한다. 이하 같다·종자·농자재 등의 보급과 지원
5. 그 밖에 도시농업 관련 교육훈련을 위하여 필요하다고 인정되는 사업

– 도시농업 육성 및 지원에 관한 법률, 2017.03.23. 개정 –

도시에서는 농사지을 땅도 없고 작물을 심고 가꾸는 일도 만만치 않다. 도시농업을 하고 싶어도 관련 정보가 없어서 참여하지 못하는 경우도 많다. 도시농업을 어디에 신청을 하는지, 장소는 어디에 있는지, 비용은 얼마인지 많은 정보가 궁금하다. 바쁜 일상생활에 도시농업에만 신경을 쓰고 있을 수도 없는 일이다. 도시에서 방치된 공간에 작물을 심어 가꾸기도 하지만 땅 소유자와 문제가 발생한다. 도시농업을 처음 시작할 때는 각 지자체에 문의하는 것이 가장 좋은 방법이다. 각 지자체에서는 도시농업을 지원하기 위해 '도시농업지원센터'를 지정해 운영한다. 최근 도시농업에 대한 수요가 급증해 지자체에서는 공공 텃밭을 조성해 분양한다. 공공 텃밭을 조성 후 직접 운영하기도 하지만 도시농업지원센터에 위탁 운영한다. 도시농업지원센터는 전문강사와 체계적인 교육을 지원한다. 혼자서 도시농업을 시작하는 것보다는 교육을 받으면서 작물을 가꾸는 것이 좋다. 혼자 하다 보면 잘못된 방법으로 작물을 재배할 수 있으며, 도중에 포기하는 경우가 많다.

도시농업 교육과정 _____

　도시농업 기초과정은 매년 2~3회 모집한다. 도시농업지원센터에서 일반 시민을 대상으로 도시농업 기초과정을 운영한다. 과정 교육비는 10만 원에서 15만 원 내외다. 도시농업지원센터로 지정된 농업기술센터에서는 무료이거나 재료비만 받는다. 기초과정은 총 10회 내외며 이론수업과 실습을 병행해 진행한다. 도시농업에 대한 전반적인 설명과 실제 사례를 소개한다. 수강생들은 개별적으로 16.5㎡^{25평} 내외의 텃밭에 실제로 작물을 심고 가꾼다. 매주 진행되는 수업은 작물 생육과정에 맞춰서 수업이 진행된다. 작물을 심고, 재배관리하고, 병해충을 예방하는 법을 배운다. 교육과정 중간에는 도시농업 우수사례 현장에 견학한다. 도시농업 기초과정을 배우면 텃밭 가꾸기에 자신감을 가질 수 있다. 도시농업 횟수가 늘어나면서는 모종을 사서 심기보다는 씨를 파종해 재배한다. 친환경 재배방법을 배우고 토종 씨앗과 재배에 관심이 높다. 텃밭을 가꾸어 농산물을 생산하는 것보다는 옆에 텃밭의 주인과 인사 나누며 교류하기를 즐긴다. 도시농업을 통해 새로운 가치를 얻는 것에 만족해한다. 도시농업은 혼자 하는 것보다 이웃과 함께하는 것이 더욱 즐겁다는 것을 알 것이다.

　도시농업 전문가가 되기 위해서는 '도시농업 전문가 양성과정'을 이수해야 한다. 도시농업 전문가 양성과정을 이수하면 도시농업 전문가로 활동할 수 있다. 학교텃밭이나 주말농장에서 도시농업 전문강사로 활동한다. 도시농업 전문가 양성과정 이수증은 도시농업관리사 자격증을 취득하기 위한 요건 중 하나다.

도시농부선언문 _____

　도시농업을 하는 사람들이 친환경 재배방식으로 농사를 짓는 것은 아니다. 텃밭을 지으면서 농약이나 화학비료에 의존해 도시의 생태환경을 저해하기도 한다. 극히 일부 사례이긴 하지만 이웃에 대한 배려와 관심이 없고, 공동체 인식이 부족해 도시 경관을 해치기도 한다. 도시농업을 하는 사람이 개인보다는 이웃을 생각하며 친환경 생태관리에 관심을 가졌으면 한다. 도시농업으로 이웃과 소통하고 교류하며 농업의 공익적 가치를 실현하기를 기대한다. ㈜전국도시농업시민협의회에서는 도시농업 시민단체와 회원들의 의견을 모아 '도시농부선언문'을 만들었다. 도시농부선언문은 2016년 4월 11일 도시농업의 날 기념행사에서 공식 발표했다. 도시농부선언은 도시농부를 양성하는 교육 목적과 도시농업 활동 방향을 제시한다. 도시농부가 가져야 하는 자세를 정립해 놓았다. 발표된 도시농부선언문은 다음과 같다.

도시농부선언문

대도시를 중심으로 온 나라에 퍼지는 도시농업은 사람들의 경작 본능을 일깨우며 확산되고 있다. 도시농업의 활성화에 기여하고 있는 도시농부들은 도시농업운동의 출발에서부터 도시농업의 공익적 가치를 실천해오고 있는 사람들이다.

도시농부는
- 회색의 콘크리트와 도시의 버려진 공간을 생명이 자라는 녹색의 공간으로 만들어 가고 있다.
- 단절된 세대와 이웃, 사람과 사람의 관계를 잇는 공동체 텃밭을 만들어 간다.
- 버려지는 유기자원을 이용한 자원순환 퇴비 만들기, 빗물의 이용, 화석에너지에 의존하지 않은 삶의 방식을 배우고 실천하고 있다.
- 꿀벌을 기르며, 풀과 곤충과 사람이 어우러지는 생태도시의 미래를 일군다.
- 텃밭에서 아이들을 교육하며, 농부학교를 통해 시민교육의 장을 형성해 간다.

이러한 도시농부들의 실험과 도전에 의해 만들어지고 있는 공동체 텃밭은
- 문화적, 사회적, 세대 간 다양성을 담고 이웃이 함께하는 소통의 공간이다.
- 자연 체험, 생물 다양성, 식량 주권과 토종 종자 보전의 공간이다. 도시와 농촌 농업을 잇는 다리다.
- 자연과 공생하는 인류, 농업의 공익적 가치와 공정한 가격, 친환경 먹을거리에 대한 인식을 높여준다.
- 환경교육, 공동학습, 교환, 공유의 장소이며, 휴식과 치유를 위한 공간이다.

우리가 살아가는 도시에는 더 많은 공동체 텃밭, 더 많은 경작 공간, 더 많은 도시농부를 요구하고 있다. 우리는 공동체가 자라나고, 지속 가능한 도시의 미래가 싹트며, 인류의 근본인 먹거리와 농(農)의 가치를 지켜나가는 희망의 씨앗인 이 텃밭들이 튼튼하게 뿌리내리기를 바란다.

도시가 우리의 텃밭이다. 도시를 경작하자!

(사)전국도시농업시민협의

05

도시농업관리사 제도

"따르릉, 따르릉, 따르릉!"

"감사합니다. 도시농업관리사 담당자 ○○○입니다. 무엇을 도와 드릴까요?"

"도시농업관리사 자격증 따려면 어떻게 합니까?"

"도시농업관리사 자격증을 신청하기 위해서는 도시농업 관련 9종 중 1종 국가기술 자격증과 도시농업 전문가과정 80시간 이수증이 있어야 합니다."

"도시농업 관련 9종 국가기술자격증은 무엇인가요?"

"국가기술자격증은 농화학, 시설원예, 원예, 유기농업, 종자, 화훼장식, 식물보호, 조경, 자연 생태복원과 같은 9개 분야의 기능사 이상 자격증입니다."

"도시농업 전문가과정은 어디서 교육받나요?"

"도시농업 전문가과정은 지정된 도시농업 전문인력양성기관에서 받을 수 있습니다. 전문인력양성기관 지정은 농림축산식품부와 각 지자체에서 합니다."

"도시농업 전문인력양성기관은 어디에 있나요?"

"예, 도시농업 전문인력양성기관은 전국에 42개 기관이 있습니다. 모두가 도시농부 홈페이지(http://www.modunong.or.kr)에서 확인할 수 있습니다."

"도시농업관리사 자격증을 취득하면 어떤 일을 하나요?"

"도시농업관리사를 취득하시면 주말농장 관리인력, 학교텃밭 강사, 도시농업교육기관 교수요원과 같은 전문강사로 활동할 수 있습니다."

하루에도 수십 통의 전화벨이 울린다. 2017년 9월 23일 시행된 도시농업관리사 제도가 처음으로 도입돼서 많은 사람이 관심을 갖는다. 도시농업에 대한 관심이 급증하면서 더욱 많은 문의 전화가 온다. 특히, 취업준비생인 대학생과 노후생활에 관심이 많은 중장년층이다. 취업준비생인 경우 자격증 가점을 염두에 둔 것 같다. 도시농업관리사는 도시민에게 도시농업에 대한 이해와 작물 재배 기술지도를 한다. 초중고 학교에서 학교텃밭 운영에 따른 학교텃밭 강사는 매우 유망하다.

도시농업관리사 자격증

도시농업관리사 제도는 '도시농업의 육성 및 지원에 관한 법률' 제11조의2^{도시농업관리사}에 근거를 두고 있다. '도시농업 육성법 시행령' 제7조의2^{도시농업관리사 자격 기준}에서는 발급기준을 명시했다. 시행령 제8조의2^{업무 위탁}에서는 농림수산식품교육문화정보원을 도시농업관리사 발급 전담기관으로 지정했다. 시행규칙 제6조의3^{도시농업관리사의 발급 신청 등}에는 신청접수 및 발급 규정을 정의해 놓았다. 도시농업 육성법이 2017년 3월 23

일 개정되고 9월 23일 시행됐다.

　도시농업관리사 자격증은 1차 필기시험, 2차 실기시험과 같은 절차를 거치지 않는다. 도시농업 관련 국가기술자격증^{기능사 이상} 1종과 도시농업 전문가과정 이수증만 있으면 된다. 도시농업관리사 자격증은 농림축산식품부에서 발급하는 국가기술자격증이다. 도시농업 관련 국가기술자격증은 농화학, 시설원예, 원예, 유기농업, 종자, 화훼장식, 식물보호, 조경, 자연 생태복원과 같은 9개 분야의 기능사 이상의 자격증이다. 도시농업 전문가과정 이수증은 도시농업 전문인력양성기관에서 80시간의 이론과 실습을 수료한 후 발급된 이수증이다.

　도시농업관리사 제도의 시행을 앞두고 많은 준비가 필요했다. 먼저 자격증 신청서 접수와 발급할 수 있는 체계가 필요했다. 농림축산식품부와 여러 번의 협의를 거쳐 현재 운영되고 있는 '모두가 도시농부^{www.modunong.or.kr}'에 도시농업관리사 메뉴를 만들어 신청접수와 발급관리를 하기로 했다. 도시농업관리사 자격증 관리시스템은 자격증 신청에서 발급까지 효율적인 업무 절차를 고려해 구축했다. 세부적인 업무 절차는 자격증 신청접수, 요건검증^{기술자격, 이수증}, 승인, 발급, 자격증 교부와 같은 업무를 체계적으로 전산관리한다.

1) 신청방법 및 검증

　도시농업관리사 자격증 신청방법은 온라인신청, 우편접수, 방문접수로 3가지 방법이 있다. 첫째 온라인신청은 '모두가 도시농부'에 회원가

입 및 로그인 후 신청서를 작성하면 된다. 신청서 작성 시에는 사진, 주소, 생년월일, 전화번호를 명확히 기재해야 한다. 첨부파일로 도시농업 관련 국가기술자격증_{기능사 이상} 9종 중에 1종과 도시농업 전문가과정 이수증을 업로드해야 한다. 자격증 신청 시 주의할 점은 오탈자와 정확한 자격정보의 입력이다. 한번 제출된 신청서는 수정이 불가능하며 잘못 기입한 정보는 부적격의 원인이 된다. 둘째 우편접수는 농림수산식품 교육문화정보원의 도시농업 담당자에게 보내면 된다. 우편접수된 신청서는 시스템에 등록해 검증단계를 거친다. 셋째 방문접수는 신청자가 직접 세종시에 있는 농림수산식품교육문화정보원에 방문해 신청서를 제출한다. 접수된 자격증 신청서는 전산시스템에 접수등록 관리한다.

접수된 신청서는 2가지 요건을 검증한다. 첫째 국가기술자격증은 한국산업인력관리공단의 국가기술자격증 정보를 연계해 검증한다. 둘째 도시농업 전문가과정 이수증은 지자체에서 전문인력양성기관으로부터 받아 제출한 전문가과정 이수자 데이터베이스_{Data Base}를 검증한다. 2가지 조건이 모두 충족하면 농림축산식품부의 최종 승인을 거친 후 도시 농업관리사 자격증이 발급돼 우편으로 배송한다. 아직까지는 자격증 발급에 따른 수수료를 받지 않고 무료로 발급하고 있다.

2) 자격증 도전하기

필자는 도시농업에 깊은 관심이 있어 수년째 도시농업을 하고 있다. 회사 내부의 인사명령으로 운 좋게 도시농업 업무를 맡았다. 우리나라 도시농업의 정책지원과 도시농업관리사 자격증 제도 도입과 자격증 관리체계를 만들었다. 도시농업의 정책과 실제로 실천하는 현장의 의견을 다양하게 들을 수 있어 좋았다.

필자도 도시농업관리사 자격증을 따기 위해서 노력했다. 자격증을 따기 위해서는 국가기술자격증과 도시농업 전문가과정 이수증이 필요했다. 도시농업 전문가과정을 이수하기 위해 2017년에는 세종시농업기술센터에서 교육하는 '도시농업 전문가과정'을 수강했다. 교육과정의 출석률 80%가 넘으면 이수증을 받을 수 있다.

도시농업관리사 자격증을 따기 위해 2가지 조건 중에 국가기술자격증은 유기농업기능사를 보기로 했다. 유기농업기능사 필기시험을 보기 위해 대전 상공회의소로 갔다. 오전 8시 40분에 시험장에 입실해야 한다. 시험 전날 컴퓨터 수성 사인펜과 수험표를 출력해 시험 치를 준비를 했다. 시험장에 도착해보니 아직 시험장 입실이 되지 않았다. 시험장 입실은 시험 시작 20분 전부터 가능했다. 드디어 입실이 허락돼 좌석을 확인하고 앉았다. 시험장 좌석의 컴퓨터 화면에는 사진이 붙은 이름과 수험번호가 표시돼 있었다. 시험은 종이 시험지가 아닌 컴퓨터로 보는 것이었다. 컴퓨터 화면에 문제가 나오고 번호를 선택하면 별도의 종이에 마킹 없이 컴퓨터에 선택하게 돼있다. 예전에 대학 시절 국가기술자격시험을 여러 번 치렀었다. 그때는 컴퓨터용 사인펜으로 답안지 작성을 했다. 하지만 세월이 흘러 오늘은 컴퓨터에 답을 선택하고 작성한 답안지를 제출하면 바로 시험점수 결과가 컴퓨터 화면에 표시되고 합격/불합격을 알려준다. 합격자 발표 때까지 기다릴 필요가 없다. 오랜만에 국가기술시험을 치르기 위해 준비해간 사인펜을 사용하지 않았다. 1차 필기시험 결과는 당연히 합격이다.

2차 실기시험은 15일이 지난 후 원서 접수 후에 실습형으로 치른다. 필답형과 작업형 2가지 형태로 출제된다. 시험장소는 실습형이다 보니 실습 장비가 갖춰진 곳에서 실기시험을 본다. 유기농업기능사 실습형으로 잘 나오는 문제를 살펴보면 다음과 같다. 예를 들면 필답형은 친환경 농자재 10가지 샘플을 제시하고 그중에서 7가지의 이름을 맞히는 문제다. 작업형은 실제로 작업과정을 제대로 알고 있는가를 측정하는 문제다. 실습형으로는 토양의 산성도를 측정하는 문제로 토양 샘플 2개를 주고 둘 중에서 산성도가 높은 토양을 고르는 문제다. 두 개 토양의 산성도를 측정하는 과정을 순서대로 정확하게 분석과정을 통해 산성도가 높은 토양을 찾는다. 시험감독관은 이러한 실습과정을 면밀하게 관찰한 후 시험점수를 부여한다. 소금물에 볍씨를 선별하는 과정을 묻는 문제도 자주 출제된다.

2017년 도시농업 전문가과정을 수료했고 2018년 유기농업기능사 자격시험에 합격했다. 도시농업관리사 신청 조건을 충족해 신청할 수 있었다. 도시농업 업무를 맡아 추진하고 도시농업관리사 제도를 도입 및 준비한 사람으로 자격증까지 발급받아 더욱 의미가 있다. 취득한 도시농업관리사 자격증을 활용해 미래 도시농업 분야에서 활동할 수 있을 것이다. 미래 인류의 식량창고이자 미래성장 산업은 농업이다. 특히, 도시농업에 관심이 많은 젊은이에게 강력히 추천한다. 도시농업은 새로운 일자리를 창출할 수 있을 것으로 기대한다.

4차 산업혁명 시대의 농업

우리나라 농업은 4차 산업혁명 시대에 맞물려 진화 중이다. 농업인 손에 들려진 스마트폰으로 온실관리를 하는 스마트팜Smart Farm이 있다. 온실에 이상 징후가 발생하면 농장주에게 알림 문자를 보내주고, 스마트폰에서 조치를 취한다. 드론을 이용해 농약과 비료를 살포한다. 논 농사 작업을 무인 트랙터가 한다. 로봇이 딸기 재배 농장에 돌아다니며 잘 익은 딸기를 골라 수확한다. 가축 귀에 이식한 무선센서는 실시간으로 건강상태를 알려준다. 농촌 마을은 지능형 CCTV로 항상 모니터링 한다. 예전의 집약 노동 중심의 농업과는 다르다. 농촌지역의 고령화는 농업 생산에 있어서 심각한 문제점이다. 이러한 노동력 부족 문제를 해결하는 방안으로 새로운 과학기술 이용하는 것은 자연스러운 현상이다. 농업과 과학기술이 만나 새로운 '스마트 농업'이 만들어진다.

제1장. 도시농업이란?

약 1만 년 전, 수렵과 채집 생활을 하던 인류는 안정적이고 생산적인 삶을 추구하며 발전한다. 18세기 중반의 제1차 산업혁명은 증기기관 발명으로 기계를 이용한 공정 생산체계가 시작됐다. 20세기 초 제2차 산업혁명은 컨베이어 벨트를 이용한 작업 표준과 분업으로 대량생산을 가능하게 했다. 1970년대 제3차 산업혁명은 컴퓨터 혁명으로 인한 자동화로 생산성이 향상된다. 2000년대에 접어들면서 제4차 혁명이 시작됐는데 초연결이다. 제4차 산업혁명의 개념은 '사물인터넷^{IoT}, 인공지능^{AI}, 로봇^{Robot}, 빅데이터$^{Big Data}$와 같은 기술이 산업 전체 분야와 융합돼 사회, 경제 구조의 근본적인 변화를 촉진시키는 혁명'이다. 단순 동력을 제공했던 1차와 2차 산업혁명과는 차이가 있다. ICT$^{Information and Communications Technologies}$를 활용한 제3차 산업혁명과 기술의 파급 속도, 범위, 깊이가 차원이 다른 특징을 갖는다. 4차 산업혁명의 작동 메커니즘은 사물과 사물, 인간과 인간의 초연결로 발생한 정보를 클라우드에 저장하고, 빅데이터 분석과 인공지능 학습을 통한 최적의 결과를 제공한다.

스마트 농업

농업 분야에 있어서 제4차 산업혁명은 생산부터 소비, 농촌 분야까지 로봇, 인공지능, 빅데이터와 같은 과학기술을 접목해 기계자동화, 첨단화가 급속하게 진행되고 있다. 농업 분야 간의 유기적인 연결로 획기적인 효율성 제고 및 새로운 가치를 창출하고 있다. 제4차 산업혁명 시대를 맞아 미래 농업은 '시스템과 시스템'으로 연결된다. 여기에 인공지능과 빅데이터가 결합해 자율 운영되는 융합산업으로 발전한다. 제4차 산업이 적용된 미래 농업 분야 모습은 생산, 유통, 소비, 관측, 농촌 분야로 나눌 수 있다.

농업 생산 분야는 첨단융합기술을 기반으로 '식물공장', '스마트팜', '정밀 농업'과 같은 것이 확대된다. 작물을 생산하는 기상환경을 측정하고 작물상태를 반영한 최적의 생육환경을 실시간으로 제공한다. 스마트팜은 센서 기반의 작물환경을 진단하고 자동화된 설비를 이용해 최적 생육환경을 제공한다. 온실에서 작물을 키우는 것은 매우 어렵다. 아침 일찍 해가 뜰 때는 기온이 상승하므로 서서히 창문을 열어 환기를 시켜 줘야 한다. 한낮에는 햇빛이 너무 강해서 차광막을 쳐줘야 한다. 저녁이면 온실의 측창과 천장을 닫아줘야 한다. 기온이 내려가면 보일러를 켜줘야 한다. 이러한 수작업의 온실은 농업인을 하루 내내 온실에 매달리게 한다. 온실 내의 온도가 높아지면 식물은 치명적인 손상을 입는다. 손상을 입은 작물은 회복하기가 매우 힘들다. 차라리 뽑아내고 다시 심는 것이 더 경제적이다. 온실 재배는 농가소득을 올려 주지만 농업인에게 많은 시간과 노동력을 요구한다.

한국의 농업은 현재 심각한 고령화로 인해 농업인력 부족과 농산물의 유통비용 상승, 생산성 약화로 많은 어려움에 직면해 있다. 스마트농업은 ICT 기술을 농업에 적용해 당면한 문제를 해결하는 좋은 방안이다.

1) 스마트팜

온실 재배에 스마트팜을 도입하면 어떻게 될까? 스마트팜을 적용한 온실은 특별하게 관리할 것이 없다. 우선 온실에서 작물의 상태를 보고자 할 때 현장에 가지 않고 원격지에서 볼 수 있다. 온실 창문을 열기 위해서 농장에 갈 필요가 없다. 아침이면 저절로 창문이 열리고 햇빛이 강할 때는 자동으로 차광막이 쳐진다. 저녁이면 온풍기도 설정 온도에 맞게 켜짐과 꺼짐이 반복된다. 굳이 온실 옆에서 지켜보며 온실관리를 할 필요가 없다. 스마트폰을 사용할 수만 있다면 어디서나 온실관리가 가능하다. 농업인에게는 일에서 자유를 선사한다. 시간적 여유를 얻은 농업인은 교육을 받거나 여가를 활용할 수 있다. 농업인의 삶이 변화한다. 농촌지역에 새로운 문화가 정착된다. 온실 내에 설치된 센서가 기상환경을 측정하고 최적 생육환경에 따라 자동으로 조절하며 관리한다. 농산물의 가격이 급등하거나 폭락하는 경우에는 농산물 수확 시기를 조절해 출하 시기를 결정한다.

2) 스마트 유통

예전의 농산물 유통은 도매시장에서 경매를 받아 중도매인과 소매상인을 거쳐 소비자에게 전달된다. 새벽 도매시장은 지방에서 올라온 농산물을 경매하는 소리로 요란하다. 경매가 끝나면 하역하는 사람들이 낙찰된 물건을 옮긴다. 이리 옮기고 저리 옮기는 사이에 도매가격이 소매가격으로 정해진다. 새벽에 경매를 마친 후의 쓰레기는 많은 문제를 발생시킨다. 여름철이면 썩는 냄새가 진동한다. 쓰레기 문제를 없애기 위해서 배추를 박스에 넣어 팔기도 한다. 수박 꼭지를 제거한 후 경매를 받는다. 이러한 문제점을 개선하기 위해서 스마트 유통시스템이 필요하다. 모바일과 온디맨드On-Demand 서비스를 확대하는 것이다. 빅데이터를 활용해 농산물 출하량을 조절하고 소비자 식생활을 고려한 개인 맞춤형 주문시스템을 한다. 스마트 산지유통시스템을 활용해 전자거래, 이력 추적관리, 위해요소와 같은 안전관리를 높인다. O2OOnline to Offline 서비스 확대로 중간유통 단계 없이 생산자가 소비자와 직거래를 한다.

3) 스마트 농촌

농촌은 ICT 융복합 마을로 조성한다. 마을 입구에 들어서면 보안관리를 위해 지능형 CCTV가 있다. 마을회관에 들어가면 헬스케어를 위한 원격의료시스템이 준비돼 있다. 독거노인이나 응급관리를 위해서 노년층 안전관리시스템이 작동한다. 야간보행 안전성을 위해서 통합감지 센서와 자동 조명장치가 길을 밝혀준다. 마을권역에 체험 관광객과 자전거 이용객을 위해 안전관리 체계를 지원한다.

4) 스마트 가정용 텃밭

도시농업에도 4차 산업의 영향은 예외가 없다. 가정용 텃밭관리기 '팜봇Farmbot'이 있다. 텃밭에 씨를 파종하고 작물이 자랄 수 있도록 생육환경을 조절해준다. 수분이 부족하면 물을 공급해준다. 일사량이 부족하면 LED 조명을 비춰서 광합성을 돕는다. 주변의 온도와 습도를 자동으로 측정해 표시해줌으로써 생육관리를 한다. 이 모든 서비스를 현장이 아닌 원격지에서 확인한다. 좀 더 발전된 모습은 식물공장이다.

식물공장이 규모가 너무 커서 접근하기 어렵다면 소형 식물재배기를 활용할 수 있다. 작물을 재배하는 토양에 상관없이 실내에서 작물 재배가 충분하다.

5) 스마트 융합기술

요즘 인기가 높고 잘나가는 것이 드론이다. 얼마 전에 진도에서 80대 치매 노인이 산에 고사리를 뜯으러 갔다가 실종된 일이 있었다. 신고가 접수되고 1시간 만에 드론이 출동해 찾았다. 완도의 외딴 섬에서는 불법인 양귀비를 재배하는 주민 9명을 적발해 단속했다. 예전에는 논에 농약을 살포하기 위해서는 온몸에 농약을 뒤집어쓰면서 뿌렸다. 농약을 살포하고 나서 농약 중독으로 병원에 실려 가는 경우도 많았다. 하지만 요즘은 농약을 살포하기 위해 드론을 이용한다. 농약 살포지역과는 멀리 떨어져 조종한다. 산불이 발생할 때도 가장 먼저 날아간다. 과수원의 과일을 쪼아 먹는 새를 쫓을 때도 유용하다. 불법 임산물채취 현장에도 날아간다. 조류인플루엔자 방역을 위해 사용되기도 한다. 이렇게 드론은 농촌의 고령화와 인구감소에 따른 일손 부족 해결에 많은 도움이 된다.

이 모든 것들이 4차 산업혁명과 깊은 관계가 있다. 4차 산업혁명은 우리들의 삶의 일부분으로 자리 잡고 있다. 산업기술의 발달로 단순 반복적이고 정밀한 육체노동은 자동적인 기계로 대체되고 있다. 농업 분야의 4차 산업혁명의 영향은 매우 긍정적으로 여겨진다. 4차 산업혁명을 이용한 농업의 미래는 매우 도전적이고 희망적이다.

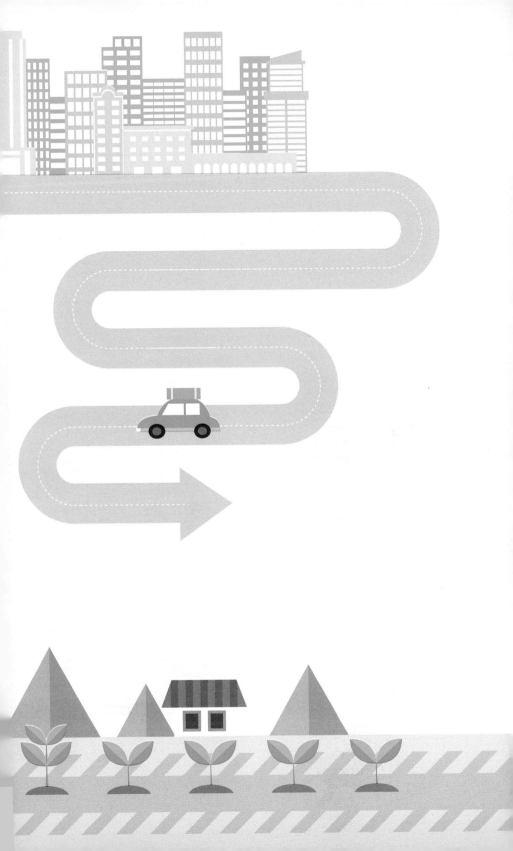

제 **2** 장

왜 도시농업을
해야 하는가?

인간의 경작 본능

    고향 시골을 떠나 도시에서 살아온 시간도 30년이 넘었다. 고향을 떠난 것은 대학교를 진학한 후부터다. 고등학교 때까지는 학교에 다니면서 농사일을 거들었다. 농사일을 처음 시작한 것은 초등학교 2학년 무렵으로 기억난다. 넓은 밭에서 고구마를 수확하는 날이었다. 부모님이 고구마를 캐놓으면 집으로 옮길 수 있도록 마대에 담았다. 고구마는 겨울 동안 먹을 간식이며 식량이다. 큰 방 한가운데 커다란 저장공간을 만들어 보관했다. 지금 생각하면 엄청난 양의 고구마를 저장해서 온 가족이 겨울 동안에 먹었다. 예전에 간식거리가 없던 시절에는 오로지 고구마가 겨울 간식이다. 고구마 수확이 끝나면 배추를 수확해 집으로 옮기는 일을 도왔다. 실제로 농사를 직접 짓는 것은 아니었지만 부모님 일을 도와주며 생활했다. 직장 때문에 도시에 살면서도 농사철 주말이면 시골에 내려가서 농사일을 도왔다. 어머니께서 연세가 많아서 못자리 만들기, 모내기, 벼 베기, 논두렁 깎기와 같은 힘든 일을 도와 드린다. 일을 도와드릴 때는 힘들지만 매일 하는 것이 아니었기에 참고 한다. 농사일은 너무 힘들고 어려운 일이다.

농사의 기쁨 _____

농사일이 매우 힘들다는 것을 알고 있는 필자가 7년째 주말농장을 하고 있다. 노후에도 농사를 지으며 살고 싶다는 생각이 자주 든다. 어느 날 문득 주말농장을 시작했고, 도시농부학교에서 작물 재배와 관리법을 배웠다. 텃밭농사가 아닌 논농사를 배우기 위해서 논학교도 다녔다. 2017년에는 도시농업 전문과정을 수료했다. 2018년에는 도시농업관리사 자격증도 취득했다. 농업이 힘들다는 것을 알면서 농업 관련 일을 계속하고 있다. 자연의 순리에 따라 농업을 하는 경작 본능의 유전자를 부모님으로부터 받은 것 같다. 직장생활을 하면서 업무 스트레스에 시달리기도 하지만 주말에 뜨거운 햇볕 아래서 텃밭 작업을 하고 있노라면 기분이 좋아진다. 온몸에 땀을 흘리면 스트레스도 풀린다. 주변 텃밭 이웃과 인사를 나누는 것도 즐겁다. 회사 사람이 아닌 다른 분야의 사람을 만나 소통하고 교류하는 것도 좋다. 주말농장 첫해에는 수확량에 욕심을 부렸으나 다음 해부터는 수확량보다는 이웃과 만나는 즐거움이 컸다. 작물을 키우면서 삶의 방식이 철학적으로 변해 갔다. 도시농업은 내 인생에 중요한 부분을 차지하고 있다.

어머니의 텃밭농사 _____

어머니 연세가 올해 86세다. 한평생 농사를 짓고 살아오셨다. 논농사는 힘들어서 안 하고 있지만 지금도 텃밭농사는 짓고 계신다. 봄이면 텃밭에 씨앗을 뿌리고 모종을 옮겨 심는다. 여름이 지나가면 텃밭 정리 후 배추를 심으신다. 배추 수확이 끝나면 내년 농사를 위해서 거름을 뿌리고 마늘을 심는다. 텃밭 작물을 가꾸시며 병해충이 오기 전에 사전 예방을 하고 생육 적기에 웃거름을 주신다. 몇십 년 동안 지어오신 농사일 덕분에 인공지능 자동화가 되셨다. 한 치의 오차도 없다. 이렇게 지으신 농산물은 수시로 자식들에게 나눠주기 바쁘시다. 작물은 심을 때부터 수확량을 계산하시고 수확 후에는 정확하게 배분해 자식들에게 보낸다. 매년 보내주셨던 농산물이 작년부터는 양이 줄었다. 이유인즉 이제는 힘이 부쳐서 농사일이 힘드시단다. 텃밭의 농작물 재배는 이전하고 똑같이 재배하는데 잘되지 않는다고 하신다. 연세가 드시니 기력이 떨어져 작물에 전달되지 않는 것일까. 어머니 건강이 조금은 걱정이 된다. 자식들은 일하지 말라고 하지만 아직은 괜찮다고 하시며 텃밭 일을 계속하고 계신다. 텃밭 일을 해야 운동도 되고 아픈 곳도 없으시단다.

고향 시골집에 내려가면 마당은 또 하나의 텃밭이다. 장독대 옆이며 마당 끝자락에는 어김없이 작물이 심어져 있다. 집 옆에 꽤 넓은 텃밭이 있기는 하지만 마당의 빈 공간에는 상추며 마늘을 심어 놓으셨다. 예전에 어릴 적에는 자식들과 식구들이 많이 있어 마당을 모두 이용했지만 지금의 마당에는 작물을 심어 가꾼다. 오히려 텃밭보다 충실하게 잘 자란다. 텃밭보다 물을 많이 주고 자주 관리하기 때문일 것이다. 작물도 사람처럼 관심을 주면 잘 자라고 튼튼하다고 하신다. 잠시 집을 비우고 며칠 있다가 집에 가면 작물 상태도 좋지가 않다고 하신다.

도시농업을 하다 보면 텃밭을 짓고 있는 사람은 시골 출신이 많다. 아니면 예전에 농사를 지어본 경험이 있는 사람이다. 도시에서 나고 자란 사람들이 도시농업을 하는 경우는 많지가 않다. 텃밭에서 땀을 흘리기보다는 시원한 극장에서 영화를 보는 것을 더 좋아한다. 시골의 향수가 있는 사람이 도시농업을 하는 경우가 많다. 이처럼 도시농업에 관심을 갖게 하기 위해서는 어릴 때부터 도시농업 활동 체험의 기회를 주는 것이 중요하다. 어린이들을 위한 도시농업 교육과 체험을 할 수 있는 프로그램이 필요하다. 도시농업의 공익적 가치와 농업의 소중함을 경험할 수 있도록 해야 한다.

안전한 먹을거리

우리는 매일 밥을 먹는다. 밥이 보약이라는 말이 있다. 나이가 들어가면서 먹는 음식에 신경을 더 쓴다. 한 끼를 먹어도 양보다는 질을 선택한다. 패스트푸드나 인스턴트 식품보다는 집밥을 더 좋아한다. 매일 먹는 음식에 따라서 건강이 좌우된다. 대학교 다닐 때 6년간 자취 생활을 했다. 혼자 자취하면서 가장 귀찮은 것이 식사준비였다. 아침은 간단히 챙겨 먹었고 점심과 저녁은 학교 구내식당을 이용했다. 학교에서 밤 11시 이후에 자취방으로 돌아왔다. 자취방에 돌아와 씻고 잠을 자기 전에 배가 고파서 자주 라면을 끓여 먹었다. 몇 번 먹다 보니 습관이 돼 매일 먹게 됐다. 주말이면 학교 구내식당이 문을 열지 않는다. 늦잠을 자고 아침 11시 정도에 아점으로 라면을 먹고 학교에 갔다. 저녁 늦게 집에 와서는 또 라면을 끓여 먹었다. 1년에 400여 개 라면을 먹었던 것 같다. 그때는 젊고 돈이 없어서 그랬는지 모른다. 지금은 라면은 잘 먹지 않는다. 1년에 한두 번 정도 옛 생각에 먹지만 먹고 나면 속이 편하지 않다. 결혼 후에는 집사람이 라면을 잘 끓여주지 않는다. 외식도 자주 하지 않는다. 될 수 있으면 집밥을 먹는다. 1주일에 한 번씩 장보기를 생협이나 한살림에 주문한다. 친환경인증을 받은 농산물을 가장 좋아한다.

식품 안전성 문제 확산 ────────

매일 먹는 밥 한 끼는 인생에서 매우 중요하다. 오늘 굶은 한 끼는 평생토록 못 찾아 먹는다는 말이 있다. 하루에 세 번의 식사를 하는데 주어진 시간에 먹지 않으면 평생 챙겨 먹을 시간이 없다. 그래서 식사는 제때 꼭 챙겨 먹어야 한다. 언제부터 하루에 세 끼를 먹어왔는지 모른다. 하루 두 끼만 먹어도 된다. 하지만 일반적으로 하루에 세 끼를 먹는다. 한 끼 식사할 때 될 수 있으면 몸에 좋은 음식을 먹는 것이 좋다. 몸에 좋은 음식은 어떤 것일까? 어릴 적에 시골집 텃밭에서 바로 수확해 만들어서 먹었던 음식들은 안전한가? 재래농법으로 재배한 농산물은 안전한가? 많은 질문을 던져본다. 최근 잔류농약 검출이나 농산물 안전성이 사회 이슈로 떠오른다. 광우병 파동과 살충제 계란은 먹거리 안전문제가 최고조에 달했던 좋은 예다. 식품안전에 대한 공포증을 나타내는 포비아Phobia 현상이 나타났다. 소비자는 구매하는 식품에 대한 안전성에 불신이 팽배해 있다. 그 이유는 무엇일까? 실제로 생산관리에 문제점도 있지만 안전한 식품 유통관리의 체계도 지적된다. 최근 과학의 발달로 예전에 확인되지 않았던 성분이 검출된 경우도 많다.

> 2017년은 '햄버거 포비아', '에그 포비아' 등의 '푸드 포비아'가 지배
> 한 한 해였다. 이른바 '먹거리 파동'은 비단 2017년만의 문제는 아니
> 었다. 1989년 '공업용 우지라면', 1995년 '고름우유', 2008년 '미국 쇠
> 고기 광우병 파동', 2015년 '백수오 유해성', 2018년 '맥도날드 햄버거
> 패티병 논란'과 '브라질 부패 닭고기', '살충제 계란' 등 굵직한 먹거리
> 파동은 지속돼 왔다.
>
> — '국민 먹거리 안전은 위생과 방역 접목한 푸드플랜',
>
> 〈농축유통신문〉, 2017.12.27. —

우리나라 1인당 국민소득이 3만 달러에 들어서면서 먹는 것에 대한
안전성에 관심이 높다. 친환경인증농산물을 구매하고 비용이 조금 비
싸더라도 안전한 식품을 선호한다. 과연 안전한 식품은 어떤 것일까?
친환경인증을 받은 농산물은 안전할까? 계속되는 질문에는 안전하다고
확신하지 못한다. 소비자가 믿지 못하는 것이다. 내 눈으로 직접 생산
하고 보지 않았기에 믿을 수 없다고 한다. 식품안전에 대한 사회적 불
신이 팽배해 있다. 2017년 우리나라를 떠들썩하게 만들었던 사건이 있
다. 바로 살충제 계란 파동이다. 서민들의 단백질 공급원인 계란에서
살충제 성분이 검출됐다. 더욱 놀란 것은 친환경인증 농가의 계란이 다
수 포함돼 있었다는 것이다. 조사결과 농가의 사육관리보다는 오염된
토양이 원인이라고 밝혀졌다. 하지만 소비자들은 식품 안전성에 대해
더욱 불안해하고 있다.

농림축산식품부에서 살충제를 사용하지 않았다고 판정한 계란 농장에서 생산된 식용 계란에서도 살충제 성분의 농약이 기준치 24배까지 검출됐다. 부산시는 지난달 28일부터 30일까지 살충제를 사용하지 않아 적합 판정을 받은 계란 생산농장으로부터 계란을 받은 식용란수집판매업소 43곳과 대형유통업소 5곳 등 모두 48개소 도매유통업체를 대상으로 농약 검출조사를 벌였다. 검출조사 결과 부산 사상구의 한 판매업소가 경남 양산의 계란 생산농가로부터 받은 계란 1,800개에서 비펜트린이 0.24mg/kg 검출됐다. 식품의약품안전처에서 정한 비펜트린의 계란 검출 기준치는 0.01mg/kg이다.

- '無살충제' 인증 농장 계란서도 농약 기준치 24배 검출,

〈연합뉴스〉, 2017.09.04. -

안전한 농산물 _____

안전한 농산물은 어떻게 얻을 수 있을까. 여러 가지 방법이 있다. 친환경 농산물만을 취급하는 판매장에서 구매한다. 평소 알고 지내는 농가로부터 제철 농산물 꾸러미를 신청한다. 꾸러미는 소비자에게 정기적으로 제철 농산물을 보내준다. 지역농산물 판매장인 로컬푸드 매장을 이용한다. 농촌지역에 땅을 임대나 구매해 직접 농산물을 재배한다. 주말농장을 분양받아 채소류를 심고 가꾼다. 작물을 직접 재배할 때는 친환경 재배방법을 권한다. 작물에 발생하는 병해충을 방제하기 위해 친환경 농자재를 사용한다. 수확물을 판매하지 않고 내가 먹을 것이기

에 안전한 방법으로 재배한다. 모양이 예쁘지 않아도 좋고 벌레가 먹어도 좋다. 내 몸에는 좋은 것들이다. 도시농업을 하는 가장 큰 이유는 안전한 농산물을 얻는 것이다. 도시농업으로 가족이 먹을 안전한 농산물을 직접 생산해 자급자족한다.

도시농업으로 우리 가족이 먹는 모든 음식을 충족할 수는 없다. 안전한 농산물이 거래될 수 있는 제도가 필요하다. 지자체들은 도시농업과 연계한 농산물 직거래장터를 운영한다. 소비자는 안전하고 품질 좋은 농산물을 얻을 수 있고 농업인은 생산한 농산물을 제값 받고 판매한다. 농산물을 판매하는 사람은 도시농업인인 경우가 많다. 도시농업인이 생산한 농산물이 많은 경우에 다른 농산물과 교환한다. 서울시는 2012년부터 '마르쉐@' 도시형 농부시장을 개설해 운영한다. 마르쉐@ 장터는 매월 둘째 토요일에 대학로 마로니에 공원과 예술가의 집 앞마당에서 열린다. 농산물만 판매하는 것이 아니라 농산물을 생산하는 농부의 이야기를 듣는 장터다. 농부와 진솔한 이야기를 나누다 보면 농산물에 대한 신뢰가 생긴다. 판매되는 식재료에 대해 안심하고 먹을 수 있다는 믿음이 간다.

매일 먹는 밥이 보약이다. 젊은 시절 귀찮아서 경제적 여유가 없어서 여러 가지 이유로 먹는 것에 소홀했다. 지금은 예전보다 삶의 여유와 건강을 위해서 먹는 것에 신경을 쓴다. 인생에서 건강의 소중함은 무엇보다 중요하다. 건강한 생활을 하기 위해서는 몸에 좋은 음식물을 먹어야 한다. 건강한 육체에서 건전한 생각이 나온다. 도시농업은 안전한 농산물을 자급자족하는 가장 좋은 방법이다.

삭막한 도시

    산업화와 경제적인 발달로 도시가 만들어지고 생활에 많은 편의성을 제공한다. 생필품을 사기 위해서는 걸어서 10분이면 충분하다. 맛있는 먹을거리도 언제든지 먹을 수 있다. 산업 발전과 과학기술의 발달로 일상생활이 편리해졌다. 언제든지 맘만 먹으면 영화나 공연을 관람한다. 공동주택인 아파트 보급과 보안설비 설치로 안심하고 생활한다. 이처럼 도시생활의 순기능이 있지만 안타까운 부분도 많다. 아파트 단지에 1,000여 세대가 살고 있지만 교류하고 지내는 세대가 하나도 없다. 아침에 출근길에 엘리베이터에서 인사는 하지만 자세히는 모른다. 서로 관심도 없고 알고 싶어 하지도 않는다. 바로 옆집과 거리가 불과 2m도 안 되지만 왕래가 전혀 없다. 그저 나 홀로 폐쇄된 공간에서 생활하고 있다. 도시가 발전할수록 상대방에게 무관심하게 된다. 이런 무관심은 사회적 문제로 나타날 수 있다.

'도시인'

아침엔 우유 한잔

점심엔 FAST FOOD

쫓기는 사람처럼

시곗바늘 보면서

거리를 가득 메운 자동차 경적 소리

어깨를 늘어뜨린 학생들

THIS IS THE CITY LIFE

모두가 똑같은 얼굴을 하고

손을 내밀어 악수하지만

가슴속에는 모두 다른 마음

각자 걸어가고 있는 거야

아무런 말없이 어디로 가는가

함께 있지만 외로운 사람들

— 넥스트NEXT 노래 가사, 1993 —

도시인의 삶

　대학교 시절 자주 듣고 불렀던 노래 가사다. 불확실한 미래의 꿈을 찾아 매일 반복되는 생활과 시간에 쫓기는 삶을 살았던 내 모습이다. 미래를 위해서 매일 열심히 공부했다. 일본 유학도 다녀왔다. 유학을 마치고 농업·농촌에 업무를 지원하는 회사에 입사했다. 회사가 수도권에 있어서 본격적인 도시생활을 시작했다. 아침 일찍 일어나 간단히 식사하고 회사로 출근한다. 회사에서 정신없이 오전 업무를 한다. 점심 시간에 동료들과 밥을 먹고 오후 업무를 진행한다. 퇴근 시간이 됐지만 일 마무리가 안 돼 야근이다. 밤 11시가 넘어서 퇴근한다. 퇴근길에 지하철에서 졸기도 한다. 집에 돌아와 씻고 밤 12시 넘어서 잠자리에 든다. 오늘도 힘든 하루였다. 다음 날 아침에 알람 소리에 잠이 깨어 일어난다. 세수하고 아침을 먹고 다시 출근한다. 매일 반복되는 생활이다. 주말이면 주중에 힘들었던 피로를 풀기 위해 늦잠을 잔다. 아침을 먹고 TV를 보며 모처럼 여유를 즐긴다. 오후엔 빨래와 집 청소를 한다. 월요일 아침 어김없이 알람 소리에 일어나 씻고 아침을 먹고 또다시 출근한다. 다시 일주일이 반복된다. 한 달이 반복된다. 1년이 반복된다. 도시인의 삶에는 활력이 없다. 그저 매일 무엇인가에 쫓기며 바쁜 도시생활을 한다. 단순한 삶에 변화가 필요하다. 적극적이고 활력 있는 도시생활이 요구된다.

　'고독사'라는 말을 들어보셨나요? 주변 사람들과 단절된 채 홀로 쓸쓸하게 사망하는 것을 말합니다. 가족이나 친척, 사회로부터 단절돼 죽음까지 방치된 경우를 말하는데요. 현대사회에 이르러 경제적 빈곤이나 가족관계의 약화, 주변 무관심 등의 비율이 높아지면서 고독사는 더욱 증가했습니다. 보건복지부의 무연고 사망자 조사 결과에 따르면, 최근 4년간 그 비율이 57%나 증가해 지난해는 그 숫자가 2,000명을 넘는 것으로 집계됐습니다.

지난달 27일에는 서울 중구의 한 주택에서 난 불을 끄러 출동한 소방관에 의해 한 남성이 사망한 채로 발견됐습니다. 20년 전 아내와 이혼하고 변변한 직장도 없이 혼자 살던 고인. 그의 곁에는 마지막으로 혼자 시켜먹은 짬뽕 한 그릇만이 놓여있었습니다. 음식을 배달시켜먹은 날은 지난해 크리스마스이브였고, 경찰은 이를 통해서만 고인의 사망 시점을 추정할 수 있을 뿐이었습니다.

－ 그들의 쓸쓸한 마지막 '고독사', 사랑의 열매 공식블로그,

2018.04.26. －

도시농업이 주는 활력

통계청 발표에 따르면 1인 가구의 비율이 늘어나고 있다. 2015년 520만 명으로 전체 인구의 27.23%를 차지한다. 1인 가구가 늘어나는 이유로는 젊은이들의 결혼 포기, 황혼이혼의 증가, 고령화와 같은 원인이 있다. 특히, 젊은이들의 결혼 포기는 출산율 저하와 사회적 구조에 많은 문제점으로 나타난다. 1인 가구에 맞춰 혼밥혼자서 밥 먹기, 혼술혼자서 술 먹기, 편도식편의점 도시락 먹기 같은 신조어가 유행한다. 혼자 생활하다 보

면 불규칙한 식사와 생활 습관으로 건강을 해친다. 극단적으로 우울증을 앓거나 자살 충동을 느낄 수 있다. 이와 같은 뉴스는 종종 언론매체를 통해 듣는다. 산업기술과 경제발달에 따른 사회적인 문제가 확대될 것이다. 1인 가구로 발생하는 피해를 예방하기 위해서는 공동체적인 활동에 적극적인 참여를 해야 한다. 동호회 활동과 이웃 사람과 교류도 활발하게 한다. 반려동물이나 반려식물을 키우는 것도 좋은 방법이다.

도시의 삶은 생활의 편의성을 높여주지만 왠지 외롭고 삶에 여유가 없다. 매일 반복되는 일상생활에 재미가 없다. 적극적인 자세로 삶을 살아가는 활력소가 필요하다. 약간의 여유를 갖고 힐링을 해야 한다. 힐링의 방법으로 반려식물 가꾸기를 추천한다. 즉 도시농업을 통한 즐거움을 느끼고 직접 수확한 채소를 먹으면 자긍심을 갖게 한다. 주위 사람과 소통하고 교류해 폭넓은 인생을 살 수 있다. 반복되는 일상생활에 변화를 주어 활력을 갖도록 한다.

04

농촌 향수

농사철이면 부모님 얼굴은 항상 시커멓게 그을려 있다. 매일 강한 햇빛 아래서 일을 하신다. 그 흔한 자외선 차단제인 선크림도 바르지 않는다. 사실 선크림은 무용지물이다. 논과 밭에서 일하다 보면 땀으로 범벅이 된다. 어린 시절 여름날 논농사 일을 도왔다. 정말이지 조금만 일했는데 땀이 비 오듯이 흘러내렸다. 너무 힘들어하는 모습을 보시고 어머니는 잠시 쉬었다 하자고 하신다. 논두렁에 함께 앉아서 물을 마시며 어머니가 하신 말씀이다.

"뜨거운 뙤약볕에서 힘든 농사일을 하지 않으려면 공부 열심히 해서 시원한 에어컨 바람 나오는 사무실에서 펜대 굴리면서 살아라."

필자는 농촌지역의 작은 마을에서 태어나고 자랐다. 농촌에서 어린 시절을 보내다 보니 농사짓는 일이 매우 힘들다는 것을 잘 알고 있다. 힘든 농사일이 싫어서 열심히 공부했다. 힘들다는 선입견 때문에 농업이 아닌 다른 분야의 일을 하고 싶었다.

느림의 미학

1970년대 농촌 풍경은 한산하고 평온하기만 했다. 내가 살던 마을은 대부분 농사를 주업으로 하는 사람들이 사는 작은 동네였다. 논농사는 동네 사람이 서로 협동하며 함께 지었다. 아직 농업기계화가 되지 않아서 농사일은 고된 노동 자체였던 시절이다. 볍씨 담그기, 못자리 만들기, 모내기, 김매기, 벼 베기, 탈곡하기 모두가 힘든 작업이다. 모내기의 경우에는 동네에서 전체 일정을 정해서 돌아가며 품앗이로 손모를 냈다. 동네 모내기를 하는데 거의 한 달 정도 걸린다. 또 벼 베기는 어떠한가? 논 한 마지기 200평660㎡의 벼를 베기 위해서는 성인 2명이 하루는 족히 걸린다. 벤 벼를 말리기 위해 볏단을 세워야 한다. 잘 말린 볏단의 이삭 낟알을 탈곡한다. 탈곡작업은 먼지와 검불 때문에 힘든 작업 가운데 하나다. 이처럼 힘들게 벼농사를 짓던 것을, 모내기는 이앙기로 1시간, 벼 베기와 탈곡은 콤바인으로 30분 정도면 충분하다. 너무 빠르다. 예전에 벼농사를 지으면서 즐겼던 느림 철학, 이웃 간 소통, 나눔, 희로애락은 찾아볼 수 없다. 어린 시절 논두렁에서 먹었던 새참이 그립다. 모내기 때 흥겹게 불러 주셨던 노래가 듣고 싶다. 동네 가가호호 애경사를 나누던 정겨운 이야기를 다시 듣고 싶다.

현대인의 바쁜 일상 속에서 아침 결식률도 매년 증가하고 있다. 2016년 질병관리본부의 청소년 건강행태 온라인조사 및 국민건강통계에 따르면 우리나라 청소년의 28.2%, 성인의 29.6%는 아침식사를 거른다.

−'아침이 있는 삶', 아침밥 챙겨 먹는 것도 '워라밸', 〈NEWSIS〉, 2018.03.29.−

시골 밥상 ____

선조들은 '밥이 보약'이라고 했다. 하지만 바쁘다는 핑계로 아침밥을 거르는 사람이 많아지고 있다. 아침밥을 먹으면 오히려 속이 거북하다는 사람도 많다. 우스갯소리지만 필자는 아침밥 해주는 여자와 결혼하고 싶었다. 대학원 시절에 선배가 결혼 후 학교에 와서 제일 먼저 한 것은 구내식당에 아침 식사하러 가는 것이었다. 결혼 전에 부모님과 함께 지낼 때는 어머니가 아침밥을 챙겨줘 먹었단다. 결혼 후에 독립해서 살다 보니 아침을 먹지 못했다. 형수님은 아침밥 대신 잠이 더 좋다고 했다. 잠자는 형수를 깨워서 밥 달라고 하지 못해 그냥 아침밥을 굶고 학교에 온다. 35년 동안 아침밥을 먹다가 결혼과 동시에 먹지 못하니 힘들어했다. 다행히 필자는 결혼 후에도 아침밥을 먹고 다닌다.

어린 시절부터 아침밥은 꼭 챙겨 먹었다. 농촌 아침은 일찍 시작한다. 새벽에 일찍 일어난 부모님은 논과 밭을 둘러본다. 돌아오는 길에 텃밭에 들러서 아침 찬거리를 챙겨 아침밥을 준비한다. 특별하게 시장에서 장을 봐서 냉장고에 넣어 놓지 않는다. 식사 때가 되면 텃밭에 나가 준비할 메뉴의 재료를 수확해 오면 된다. 시골 밥상은 대부분 신선한 채소 중심의 반찬이 오른다. 고기와 가공식품은 찾아보기 힘들다. 파를 송송 썰어 넣은 된장국이며 참기름에 버무린 고구마 줄기는 내가 좋아하는 음식이다. 매일 이른 아침밥을 먹고 책을 보다가 학교에 간다. 부모님은 일하시러 들녘에 나가신다. 어린 시절부터 아침밥을 먹는 습관은 지금까지 지속되고 있다. 주말에 늦잠 후 늦게 먹은 아침일지라도 하루 세끼는 꼭 챙겨 먹는다. 옛말처럼 밥이 보약이기 때문이다. 그 옛날의 시골 밥이 먹고 싶다. 지금은 어머니가 연세가 많으셔서 식사를 챙기기 힘드시다. 가끔 시골에 내려가더라도 식사준비는 집사람이 한다. 시골집은 예전 그대로인데 연로해진 어머니와 가공식품이 많은 반찬으로 변했다.

새로운 농촌 문화 _____

　요즘 농촌의 가장 큰 문제는 노령인구가 늘어난 것이다. 시골의 새로운 생활모습은 마을회관에서 공동생활이다. 연세가 많은 노인은 아침에 일어나면 마을회관에 간다. 어르신들은 회관에서 모여 이런저런 이야기를 하며 시간을 보낸다. 자식들이 모두 성장해 있건만 함께 사는 경우는 드물다. 자식들은 모두 직장생활을 위해 객지에서 살고 있기 때문이다. 노인들이 집에서 혼자 식사준비를 하기는 귀찮은 일이다. 혼자

쓸쓸히 밥 먹는 것도 힘든 일이다. 마을 어르신들은 마을회관에 모여서 함께 점심과 저녁 식사를 한다. 식사준비는 돌아가며 하는 경우도 있고 각자 역할분담을 한다. 예전의 시골 모습이 아니다.

필자는 농업·농촌을 지원하는 농림수산식품교육문화정보원에 15년째 근무 중이다. 농업인의 소득향상을 지원하고 있다. 가장 큰 성과는 온실관리에 큰 변화를 가져다준 스마트팜 보급이다. 스마트팜 보급 사업은 농업 분야에 많은 변화를 일으켰다. 새로운 농촌문화를 만들었다. 온실 재배시설 자동관리에 따른 노동력 절감과 작물 재배에 효율적이다. 시간적 여유를 갖게 된 농업인은 취미 활동, 교육수강, 여행과 같은 새로운 삶을 누릴 수 있게 됐다. 농촌과 도시가 더욱 가까워졌다. 농업인과 도시민의 교류는 더욱 활발하게 이뤄졌다. 많은 도시민이 안전한 농산물에 더욱 관심을 갖고 농사짓기를 희망한다.

생활 패턴의 변화

산업 발전의 영향으로 도시가 발달하면서 사람들의 삶의 방식도 변했다. 전통적인 대가족사회에서 벗어나 핵가족 생활을 한다. 농촌에서 직장을 찾아 대도시로 이동한 사람들은 시간에 쫓기며 바쁜 생활과 생업에 종사한다. 농경사회에서는 가족이 노동력의 원천이었다. 도시발달로 가족 간의 유대관계는 약화됐다. 자녀들은 어느 정도 학업을 마치면 부모에게서 독립하는 경우가 많다. 결혼한 자녀들도 부모님을 모시고 함께 살기보다는 분가해 따로 산다. 예전처럼 3대가 모여 사는 대가족은 찾아보기 힘들다. 가족 간에도 격식과 형식보다는 자신의 취향에 따라 산다. 자유로운 삶을 중요시한다. 자신이 하고자 하는 일과 생활에 만족하며 지낸다. 이처럼 도시발달로 생활양식과 공동체 의식이 약해져서 고립감을 느끼며 사회문제로 이어지는 원인이 된다.

새로운 라이프 스타일 _____

매주 수요일이면 사내 스피커에서 안내방송이 나온다. "오늘은 가정의 날인 수요일입니다. 당직 근무를 제외한 직원 여러분은 일찍 퇴근해 소중한 가족들과 즐거운 시간 보내십시오." 방송이 처음 나왔을 때는 너무 맘에 와 닿았는데 요즘은 감흥이 적다. 요즘은 수요일 아니더라도 퇴근 시간에 맞춰 자유롭게 퇴근한다. 직장상사의 눈치를 보며 퇴근하던 시절과는 너무 다르다. 신입직원들도 "먼저 퇴근하겠습니다"라고 말하고 퇴근하면 된다. 특별한 일이 없으면 일찍 퇴근한다. 서울대 김난도 교수는 '트렌드 코리아 2018'에서 '워라밸 세대'를 2018년 소비 트렌드로 제시했다. 워라밸Work and Life Balance은 일과 자기 자신, 여가, 자기 성장 사이의 균형을 추구하는 것을 말한다. 다시 말해, 직장과 개인 생활 양립의 라이프 스타일이다. 일만큼 자신의 사생활을 중시하고 자신만의 취미 생활도 중요하게 여긴다.

문제는 여가 시간의 활용이다. 특히 매일 야근이 습관화된 기성세대의 시간 활용이다. 처음엔 회사가 아닌 술집으로 모였다. 괜히 일찍 집에 들어가는 것이 익숙하지 않았기 때문이다. 하지만 수요일에 술 마시는 일도 줄었다. 수요일에는 저녁 약속을 잡지 않고 모두 일찍 귀가한다. 회사의 회식 문화도 바뀌었다. 예전에는 금요일에 회식을 많이 했는데 5일제가 정착되면서 목요일에 한다. 회식 문화도 일과 후에 삼겹살집에서 하는 경우가 많았다. 하지만 요즘은 낮에 점심 식사로 간단히 한다. 회식을 저녁에 한다고 하면 괜히 미안한 마음이 든다. 예전에 밤늦도록 술을 마시며 격 없이 나누었던 대화는 찾아보기 힘들다. 직장생활의 방식도 사무적으로 변하는 경향이 많다. 직원에 대한 깊은 이해가 부족하고 끈끈한 정도 없다. 직원과의 소통과 교류도 부족한 시대에 살고 있다. 직원 간에 술 마시고 회식하면서 소통하기보다는 새로운 교류 문화 활동이 필요하다. 업무 효율성은 사무적인 관계보다 직원 간 소통과 교류를 통해서 높게 나타난다.

경인지방 통계청이 발표한 '통계로 보는 서울 2030세대'에 따르면 30대 서울시민은 결혼을 필수가 아닌 선택이라고 인식하고 있다. '결혼은 해도 좋고 안 해도 좋다'고 답한 30대가 52.6%로 나타나면서 6년 전인 2008년34.6%보다 20%포인트가량이 높아졌다. 반면 '결혼은 해야 한다'고 응답한 비율은 44.5%'반드시 해야 한다' 7.0%, '하는 것이 좋다' 37.5%에 불과해 6년 전 63.0%보다 25.5%포인트 감소했다.

− N포세대의 그늘, 절반 '결혼은 내겐 선택사항',

〈헤럴드경제〉, 2016.07.11. −

최근 젊은 사람들 중에 결혼을 안 하는 사람이 많다. 예전에는 서른만 넘어도 노총각이라는 딱지가 붙었다. 하지만 요즘은 서른다섯 살 결혼은 늦은 것도 아니다. 우리 회사에도 결혼하지 않은 40대 초반이 서너 명은 된다. 농담으로 언제 결혼하냐고 묻지만 조금은 미안하다. 결혼하고 싶어도 능력이 없다고 하는 사람도 있고 귀찮아서 안 한다는 사람도 있다. 직장에 다니고 있으면서도 하지 않은 사람이 있다. 그동안 혼자 편하게 살았는데 서로 눈치를 보면서 힘들게 살 필요가 없다는 것이다. '결혼은 해도 후회하고 하지 않아도 후회한다'는 말이 있다. 어차피 후회할 것이라면 결혼해보고 후회하는 것이 좋겠다.

강력한 모바일 문화 _____

우리 생활에 없어서는 안 될 것이 스마트폰이다. 아침 출근 시간에 버스를 타고 가면서 스마트폰에서 눈을 떼지 못한다. 손에 스마트폰이 없으면 괜히 불안하다. 회의시간에 주기적으로 핸드폰을 쳐다본다. 예전에 전화만 하던 핸드폰이 인터넷과 데이터를 활용하면서 스마트폰의 파급력은 강하다. 스마트폰으로 시간과 공간에 대한 인식이 새롭게 바뀐다. 기존의 문화 속에서 새로운 형태의 문화 요소가 융합된다. 스마트폰의 빠른 속도로 진화하는 기술의 발전이 초연결Hyperconnectivity이다. 강력한 IoT 기술을 통해 언제 어디서나 정보를 수집하고 활용할 수 있다. 빅데이터 시대를 맞아 새롭고 강력한 모바일 문화가 만들어진다.

우리 집에 중학교 2학년 학생이 있다. 집사람이 큰딸과 불협화음을 내며 싸우는 원인을 보면 90%가 스마트폰 때문이다. 큰딸은 스마트폰을 사용하면 멈추지 않는다. 스마트폰 사용 시간을 정해놓고 사용하지만 매일 약속을 어긴다. 엄마는 스마트폰을 사용하지 못하도록 1주일간 압수한다. 스마트폰을 사용하지 못하는 큰딸의 신경질은 거칠어지고 이에 질세라 집사람도 강도를 높인다. 1주일 뒤에 스마트폰 사용 시간을 잘 지키겠다고 약속하고 딸에게 스마트폰을 돌려주지만 며칠 후

똑같은 이유로 큰소리가 난다. 언제까지 이 싸움이 계속될지 모르겠다. 스마트폰도 적당하게 사용하면 좋겠지만 한번 시작하면 끝날 줄을 모른다. 학교에서도 선생님과 갈등의 1순위가 스마트폰이다. 스마트폰의 수업시간 사용을 지적하고 반납을 요구하고 있다.

교육 현장에서는 점점 늘어나는 사제간 갈등의 원인 중 하나로 수업 중 학생들의 스마트폰 이용을 꼽는다. 스마트폰이 교사와 학생들의 신뢰관계 구축에 걸림돌이 되고, 과도한 스마트폰 이용이 학교생활 부적응의 촉진제가 된다는 게 교사들의 설명이다. 경기도 가평의 고등학교에서 근무하는 3년 차 교사 이모 씨[27]는 최근 제자 몇 명을 지도하길 포기하는 수준에 이르렀다. 수업시간 도중 지속적으로 스마트폰 사용을 지적하고 반납을 요구했지만 전혀 개선되지 않고 있기 때문이다.

– 사제 갈등 주범은 스마트폰?, 〈매일경제신문〉,

2018.05.13. –

새로운 가치 창출 _____

농촌이 아닌 도시에서 농업에 대한 관심이 증가하고 있다. 2018년 도시농업의 참가자가 186만 명이 넘었다. 농사의 개념이 바뀐다. 농촌에서 농업을 하는 목적은 농산물을 생산하기 위해서지만 도시에서 농사의 목적은 다르다. 물론 도시 농사를 통해서 안전한 농산물을 생산한다. 하지만 그보다 더 중요한 것은 여가 생활과 취미 활동이다. 바쁜 도시생활을 하면서 잠시 스트레스를 날리는 방법으로 도시농업을 한다. 도시농업을 통해서 힐링을 즐긴다. 도시농업은 이웃 간 친하게 지낼 수 있는 수단이다. 텃밭을 가꾸며 자연스럽게 이야기하고 함께할 수 있다. 가족 간의 정을 돈독히 할 수 있다. 일주일에 한 번은 텃밭을 가꾸며 진솔한 가족 대화를 나눈다. 군중 속에 고립된 외로움에서 벗어날 수 있다. 도시에서 새로운 가치를 찾고 싶다면 도시농업을 시작해보라.

도시환경 변화

    도시화에 따라 인구가 급속히 증가한다. 인구 집중으로 주거 단지를 조성하기 위해서 자연환경이 파괴된다. 지난해까지만 해도 있었던 논과 야산이 없어지고 택지 조성돼 아파트가 들어선다. 대단지 주거지역과 건축물의 조성으로 하천오염과 대기 환경오염은 심해진다. 연일 계속되는 미세먼지 나쁨 예보로 사람들은 야외 활동이 어렵다. 서울시는 미세먼지를 줄이는 대책으로 대중교통을 무료로 운행하는 정책을 추진하기도 했다. 오래된 경유차의 시내 운행을 제한하기도 했다. 다른 지자체는 미세먼지 나쁨 예보에 자동차 2부제를 시행했다. 우리나라 2012년 기준 이산화탄소 배출 세계 7위, 누적 온실가스 배출량은 세계 6위다. 1인당 배출량 기준으로 경제협력개발기구 OECD 국가 중에 6위다. 정부는 2030년까지 온실가스 배출량을 목표 대비 37%로 절감하기로 했다. 절감 대책으로는 화력발전소 영구 폐쇄조치를 취하기도 했다.

서울시는 행정 예고를 통해 미세먼지 비상저감조치가 발령되는 날 오전 6시부터 오후 9시까지 서울 시내에서 2005년 12월 31일 이전에 등록한 모든 경유차의 운행을 제한하기로 했다고 10일 밝혔다. 운행제한은 규제심의를 거쳐 이르면 다음 달부터 시행되며, 단속에 적발되면 과태료 10만 원을 부과한다. 서울시는 당초 2005년 12월 이전 등록한 2.5t 이상 경유차_{저공해 장치 부착 차량 제외} 120만 대를 단속 대상으로 고려했다.

– '미세먼지 심한 날, 낡은 경유차 서울 운행제한',

〈서울경제〉, 2018.05.10. –

산업 발전에 따른 환경오염 _____

산업 발전에 따른 도시 발전은 기후변화와 환경오염이 발생하는 원인과 밀접한 관계가 있다. 기존의 개발 공간 확대에 따라 온실가스를 다량 배출하고 미세먼지가 다량 발생한다. 우리나라는 2015년 기준 이산화탄소 발생량이 0.95기가톤으로 세계 7위다. 온실가스나 대기오염은 한 나라에 국한되지 않는다. 대표적으로 봄철의 황사다. 봄에 중국으로부터 불어오는 황사가 골칫거리로 나타난다. 세계적으로 이산화탄소 발생량이 많은 대표적인 국가는 중국과 미국이다. 중국은 9.1Gt이고 미국은 5Gt으론 전 세계 배출량의 47.3%를 차지한다. 지구의 기후변화에 대처하기 위해 세계 정상들이 2015년 파리기후협약을 맺었다. 세계가 기후변화에 책임을 공감하고 협력관계를 맺기 위한 것이다.

하지만 최근 자국의 이익을 위해 미국은 파리기후협약에서 탈퇴해 비난을 받고 있다. 연구 결과에 따르면 건물 옥상 100㎡에서 식물을 재배할 때 1년에 온실가스를 약 22.75kg 줄일 수 있다. 도시 기온도 5℃ 낮추고 많은 산소가 발생해 오염물질 감소 효과가 있다. 미국 듀크대 연구진에 의하면 온실가스와 대기오염을 줄이면 1억 5,300만 명의 목숨을 구할 수 있다고 했다.

전 세계가 온실가스를 저감하고 대기오염을 줄일 경우 이번 세기 동안 1억 5,300만 명에 이르는 목숨을 구할 수 있다는 연구 결과가 나왔다. 미국 듀크대 등 공동연구진은 19일자현지시각 네이처 기후변화지Nature Climate Change에 게재한 논문에서 온실가스와 미세먼지, 오존 등으로 인해 이번 세기 동안 1억 5,300만 명의 조기 사망자가 발생할 것으로 추산된다고 발표했다. 이번 연구는 세계 154개 대도시를 대상으로 삼은 것으로 연구진은 도시별로 기후변화 저감정책에 따라 줄일 수 있는 사망자 수를 추산한 것은 이번이 처음이라고 밝혔다. 연구진은 각국의 기후변화 저감정책 시나리오별로 오존과 미세먼지 등 저감 효과를 시뮬레이션해 이 같은 결과를 얻었다.

– '온실가스 저감하면 1억 5,300만 명 목숨 구할 수
있다네이처 기후변화지 논문', 〈경향신문〉, 2018.03.20. –

신도시개발 확대 _____

　도시가 발달하면서 논과 밭이 인위적으로 회색의 콘크리트 건물로 변했다. 자연환경이 파괴되고 자연 생태계의 균형이 무너진다. 한번 무너진 자연 생태계를 복원하기 위해서는 많은 시간과 예산을 요구한다. 도시를 개발할 때 자연환경의 파괴를 최소화할 필요가 있다. 세종시 도시개발은 2007년에 착공돼 지금까지도 개발 중이다. 세종시를 찾는 사람들이 자주 방문하는 곳 중에 한 곳이 밀마루 전망대다. 밀마루 전망대에서 바라보면 정부세종청사를 비롯해 빼곡히 들어선 아파트와 상가 건물을 볼 수 있다. 중앙행정기관의 이전에 따라 새롭게 건설된 신도시다. 전망대에서 내려와 홍보관으로 들어가면 개발 전과 후를 비교할 수 있는 모형도가 있다. 개발 전에는 논과 밭, 낮은 야산이었는데 10년 사이에 아파트와 건물로 바뀌었다. '10년이면 강산도 변한다'는 말을 실감한다. 변해도 너무 많이 변했다. 세종시 행복도시는 전체 6생활권 중에 1~4생활권은 개발이 마무리돼 간다. 아직도 5~6생활권은 개발 중이거나 개발 준비 중이다. 2018년 5월 세종시 인구 30만 명을 넘어섰다. 2012년 7월 세종시 출범할 때 10만 5,000명보다 3배가 증가했다. 시내에 차량이 증가하고 주차공간이 없어 도로변에 주차하는 차량이 많다. 겨울철 출근길에 보이는 지역난방 굴뚝에서 하얀 연기가 뿜어 나온다. 개발 이전의 쾌적하고 여유로운 농촌 전경은 어디에도 찾아볼 수 없다.

　시대의 흐름을 부정하며 살기는 힘들다. 도시화로 개발은 하되 될 수

제2장. 왜 도시농업을 해야 하는가?

있으면 친환경적인 개발이 필요하다. 필자가 살고 있는 아파트에서는 저녁때가 되면 개구리 울음소리가 들린다. 처음엔 개구리 울음소리를 스피커로 틀어주나 생각했다. 하지만 진짜 개구리 소리다. 아파트 내에 연못이 있는데 그곳에서 살고 있다. 누군가 잡아다가 넣은 것인지 아니면 본래 살았던 것인지 모르겠다. 신도시의 아파트에서 개구리 소리는 정감 있고 운치를 더해준다.

세종시로 이사 오기 전에는 수원의 칠보산 인근 금곡동에서 살았다. 처음 금곡동으로 이사했을 때 느낌은 너무 좋았다. 대도시에 논과 밭이 있고 녹색지대가 많았다. 매일 저녁을 먹고 온 가족이 아파트 주변을 한 바퀴 산책하는 것이 소소한 즐거움이었다. 아파트 주변의 논길을 걷다 보면 개구리 소리, 풀벌레 울음소리가 들려와 좋았다. 어린 네 살짜리 아이와 함께 걷기엔 정말 좋은 곳이었다. 금곡동에서 10여 년을 살았다. 2012년부터 서수원택지개발이 시작됐다. 논이었던 곳에 택지가 조성되고 아파트가 들어섰다. 논이 없어지자 개구리 소리는 들리지 않았다. 매일 공사현장을 드나드는 덤프트럭이 많아졌다. 흙먼지가 많아서 창문을 열지 못했다. 더이상 저녁 먹은 뒤에 산책하기는 어려웠다. 여유롭고 쾌적했던 생활이 심각한 도시문제로 변했다. 퇴근해서 산책하기보다는 집안에서 생활하는 경우가 많아져 미안한 마음에 주말에는 인근 수목원이나 공원을 찾았다.

농촌의 인구는 매년 감소하고 있으나 도시인구는 증가한다. 도시 유입인구 증가와 1인 가구가 늘어나면서 주거시설도 증가한다. 주거시설은 한정된 도시를 벗어나 인근 지역으로 확대된다. 도시 근교의 논과 밭, 야산이 개발대상지다. 무분별한 도시개발로 자연 생태계는 파괴되고 많은 문제가 발생한다. 도시개발에 따른 환경 변화는 사람들의 생활 방식도 변화시킨다. 복잡한 도시생활을 하는 시민들은 도시농업에 관심이 높아졌다. 도시농업은 안전한 농산물을 얻을 수 있고 취미와 여가를 즐길 수 있는 새로운 가치를 더해준다. 도시민의 적극적인 참여로 서울이나 경기도인 수도권을 중심으로 도시농업은 활발하게 진행 중이다.

제2장. 왜 도시농업을 해야 하는가?

제 3 장

도시농업 실천하기

주말농장

주5일 근무가 시행되면서 주말이면 우리 가족은 이곳저곳 놀러 다녔다. 그중에 자주 가던 곳이 칠보산이다. 칠보산은 집에서도 가깝고 높지 않아서 어린아이도 충분히 올라갈 수 있다. 칠보산 가는 길 양옆에는 논과 밭이 많았고 주말농장도 있었다. 그 길을 지날 때면 "우리도 한번 주말농장 해볼까?" 하고 말하곤 했다. 그러던 어느 날 칠보산에 다녀오는 길에 주말농장 분양 현수막을 봤다. 현수막의 전화번호를 보고 밭 주인에게 전화했다. 밭 주인은 텃밭 10평에 10만 원이며 아직 몇 개 남아 있다고 했다. 이렇게 우리 가족의 첫 주말농장을 시작하게 됐다. 주말농장은 도시농업의 대표적인 사례다.

주말농장 요건 ____

   주말농장은 첫째, 집에서 가까워야 한다. 걸어서 30분 이내가 적당하다. 언제든지 텃밭을 둘러보고 물을 줄 수 있기 때문이다. 하지만 도시에서 텃밭을 찾기란 쉽지가 않다. 둘째, 물 주기가 편해야 한다. 작물은 물을 많이 필요로 한다. 물이 부족하면 생육 장애가 발생한다. 셋째, 작업 중에 쉴 수 있는 쉼터가 있어야 한다. 텃밭에서 작업을 하다 보면 땀범벅이 되고 강한 일사량에 노출된다. 잠시 쉴 수 있는 나무 그늘이나 쉼터가 있으면 좋다. 넷째, 주차시설이 있어야 한다. 주말농장이 가까우면 걸어서 가겠지만 차량으로 이동하는 경우가 많다. 주차할 공간이 없으면 주차하기 위해서 많은 시간을 소비한다. 요즘 분양하고 있는 주말농장은 이러한 조건의 부대시설을 갖추고 있다. 가끔 개인적으로 텃밭을 빌린 경우에는 수도시설이나 쉼터가 없어서 고생하기도 한다.

   텃밭이 준비됐으면 텃밭을 어떻게 가꿀 것인가? 텃밭을 유용하게 활용하기 위해서 텃밭 재배 계획을 세워야 한다. 어떤 종류의 작물을 심고, 어떻게 가꿀 것인가, 1년 텃밭 활용계획을 세워야 한다. 비록 작은 10평의 텃밭이지만 실제로 심어보면 많은 종류의 작물을 심을 수 있다. 다양한 품목을 소량 생산하는 것이다. 텃밭 재배 상반기는 상추, 고추, 오이, 토마토, 가지와 같은 다양한 종류를 심고 가꾼다. 하반기에는 배추와 무를 심어 김장준비를 한다. 초보 도시농업인은 상반기 농사에 만족하는 경우가 많다. 여름 휴가철을 기점으로 도시농업인 활동을 그만두는 경우가 많다. 장마와 휴가철에 텃밭관리가 소홀해 잡초가 무성해 풀 뽑기가 힘들어 포기한다. 주말농장을 시작할 때 초심은 온데간데없다.

텃밭관리 _____

텃밭은 주말농장 운영자 측에서 밑거름을 넣고 초벌갈이를 해준다. 그 상태로 작물을 심어도 되지만 웃거름을 더 넣고 섞어준다. 참여자는 텃밭 구획을 나눠서 작물을 심고 가꾸면 된다. 채소류는 밭을 편평하게 만들어 심고, 뿌리채소류는 이랑을 만들어 심는다. 작물은 씨앗으로 심는 방법과 모종으로 심는 방법이 있다. 씨앗으로 심는 것은 상추, 무, 당근, 대파와 같은 것이다. 씨앗을 뿌리는 방법은 흩어 뿌림, 줄 뿌림, 점 뿌림과 같은 것이 있다. 모종으로 심는 것이 좋은 것은 고추, 토마토, 가지, 오이와 같은 열매채소다. 모종은 충분한 간격을 두고 심는다. 나중에 작물이 컸을 때 통풍이 잘돼야 한다. 모종은 먼저 구멍을 파고 물을 충분히 준 다음 모종을 넣고 흙을 채워준다. 흙은 포트에 심겨 있던 높이만큼 덮어주면 좋다.

작물을 재배할 때 씨앗으로 뿌리지 않고 대부분 모종을 사서 심는데 문제는 모종값이다. 모종 3주에 1,000~1,500원이다. 몇 가지 심고자 하는 품목을 선택하면 4~5만 원이 훌쩍 넘어간다. 씨앗의 종류에 따라 다르지만 50~100개 씨앗이 들어있는 1봉지에 1,000원 정도 한다. 씨앗을 구입하는 것보다 모종을 사서 심으면 훨씬 비싸다. 하지만 씨앗으로 심으면 발아율이 저조하고 싹이 날 때까지 물관리가 필요하다. 모종은 수확하는 시기도 앞당길 수 있다. 초보 도시농업인은 모종을 사서 심는 것이 좋다.

텃밭에 작물을 심었으면 잘 자랄 수 있도록 관리를 해야 한다. 텃밭 관리 중에 가장 어려운 것이 잡초관리다. 작물보다 잡초가 더 잘 자라기 때문이다. 잠시만 관리가 소홀해지면 작물은 보이지 않고 무성한 풀밭이 된다. 크게 자란 풀을 뽑기보다는 이제 막 싹튼 잡초를 뽑는 것이 훨씬 수월하다. 전업 농부가 아닌 이상 매일 주말농장에 가기 힘들다. 1주일에 한 번 간다고 해서 주말농장이다. 주중에는 직장 다니느라 시간이 없다. 주말에는 애경사, 가족 행사, 놀러 다니다 보면 텃밭에 가기는 쉽지 않다. 1주 빠지고 2주 빠지다 보면 잡초들이 무성하게 자란다. 주말농장의 가장 중요한 것은 잡초관리다. 텃밭에 물 주기도 중요하다. 특히, 모종을 심고 3~4일간 물을 꼭 주어야 뿌리가 잘 활착된다. 작물에 물을 줄 때는 아침과 저녁에 주는 것이 좋다. 한낮에는 물을 주지 않는다. 작물에 더 나쁜 영향을 준다.

주말농장을 하는 사람들은 친환경 재배를 한다. 10평 남짓한 작은 텃밭 재배에 농약과 화학비료를 전혀 사용하지 않는다. 주말농장으로 안전하고 믿을 수 있는 농산물을 내 손으로 직접 키워 먹는 것이다. 마트에서 구입한 유기농 채소보다 내가 직접 키우다 보니 더 안심하고 먹을 수 있다. 문제는 병해충이다. 특히 진딧물과 잎을 갉아먹는 애벌레들이다. 하루는 아이들에게 벌레를 잡으라고 특명을 내렸다. 잎에 붙어있는 손가락 크기의 애벌레가 징그러워 못 잡겠다고 한다. 묘책으로 나무젓

가락을 주었다. 잎을 손으로 잡고 젓가락으로 애벌레를 집어 물병에 넣도록 했다. 짧은 시간에 물병 절반을 채웠다. 아이들은 애벌레가 들어있는 물병을 들고 인근 농장으로 가서 사육하는 닭에게 주었다. 진딧물 퇴치도 골칫거리다. 진딧물을 제거하기 위해 비눗물을 만들어 칫솔로 닦아주기도 했다. 계란과 식용유를 섞어서 만든 난황유를 물과 섞어서 뿌려준다.

친환경 생태교육

이전까지는 아이들에게 많은 것을 보여주기 위해서 주말이면 이곳저곳 여행을 했었다. 자연과 친해지는 것이 중요하다고 생각해 주말농장을 시작했다. 주말농장 체험으로 자연스럽게 자연관찰과 친환경 생태교육이 된다. 아이들은 텃밭에 나오면 작업에는 아랑곳하지 않고 신발을 벗고 맨발로 밭을 돌아다닌다. 호미와 모종삽으로 흙장난을 한다.

"엉~ 엉~ 아~빠!"

"엉~ 엉~ 큰일 났어, 아빠, 엉~"

"엉~ 난 어떻게 해~ 엉~"

어느 토요일 아침, 온 가족이 칠보산 자락에 있는 주말농장에 갔다. 집에서 걸어서 20분 정도 걸린다. 자전거로는 10분이다. 산책도 할 겸 걸어갔다. 주말농장에 거의 다다르자 일곱 살 된 둘째 딸이 텃밭을 향해 뛰기 시작한다. 올해 주말농장을 시작하면서 애지중지 키우고 있는 봉숭아가 있다. 매번 텃밭에 갈 때면 물을 주며 보살펴주던 꽃이다. 봉숭아가 1주일 동안 얼마나 잘 자랐나 궁금해 뛰어간 것이다. 그런데 엉엉 울면서 다시 우리에게 뛰어온다. "울지 말고, 왜 그래? 무슨 일 있어?"라고 물어보니 울면서 자기가 키우던 봉숭아가 뽑혀 있다고 한다. 우는 아이를 겨우 달래 텃밭에 가보니 봉숭아는 뽑혀서 시들어 있었다. 나는 우는 딸을 겨우 달래며 다른 것을 키우면 된다고 했다. 하지만 딸의 울음은 그치지 않는다. 주위를 둘러보니 작은 코스모스가 있었다. 그것을 옮겨 심었다. 그리고 나서야 울음을 멈췄다.

　한참 동안 텃밭에 잡초를 뽑고, 물을 주고 있는데 밭 주인 할아버지가 오셨다. 인사를 드리니 할아버지는 밭에 봉숭아가 있어 뽑아 버렸다고 했다. "예?" 드디어 봉숭아를 뽑은 범인을 알아냈다. 애지중지 키운 봉숭아를 뽑다니 말이 안 나왔다. 그 봉숭아는 둘째 딸이 키우는 봉숭아였다고 말씀드리니 밭에는 먹을 수 있는 것을 심으라고 하신다. 우리 가족은 할 말을 잃고 그저 서있었다. 우린 코스모스를 가리키며 저것은 절대 뽑지 마시라고 부탁을 드렸다. 평생 농사를 지으셨던 농업인에게 봉숭아는 쓸모없는 잡초로 여겨진 것이다.

　텃밭에 토마토와 오이가 쑥쑥 자라면 지지대를 해줘야 한다. 넝쿨작물은 지지대를 해줘야 바닥에 깔리지 않고 위로 자라게 된다. 좁은 텃밭을 넝쿨작물이 차지하면 발에 밟히고 다른 작물과 뒤엉키게 된다. 지지대를 세우고 끈으로 작물이 타고 올라갈 수 있도록 유인 줄을 해준다. 지지대에 의지해 자란 오이와 토마토는 열매가 익어가는 것을 볼 수 있고 수확하기도 좋다. 텃밭 작업을 하다 보면 땀이 나고 목이 마른다. 주말농장에 갈 때는 반드시 마실 물을 챙겨가야 한다. 작업 중간에 힘들면 잠시 쉬어야 한다. 너무 무리하면 노동이 된다. 주말농장은 노동보다는 즐거움이어야 한다. 목이 마를 때 집에서 가져간 물을 마시는 경우도 있지만 텃밭에서 바로 딴 토마토와 오이는 훌륭한 간식이다. 갓 수확한 오이는 씻을 필요도 없다. 그냥 옷에 쓱쓱 닦고 난 후 먹으면 된다. 싱싱한 즙이 입안에 가득 고인다. 반찬 속 오이를 골라내던 아이들도 하나씩 손에 쥐고 다니면서 맛있게 먹는다. 얼굴엔 마냥 행복한 표정을 지으면서 말이다. 이런 것이 행복이 아닐까 싶다.

수확과 나눔의 기쁨

텃밭에 다양한 품종의 쌈채소를 심었는데 수확하는 날이면 4명의 가족이 먹기엔 너무 많다. 처음엔 친환경 재배방식으로 직접 생산한 것이어서 매일매일 상추쌈을 먹었다. 너무 많아 신문지로 싸서 냉장고에 넣어 두기도 했다. 상추를 제때 수확하지 않으면 잎이 억세진다. 주중에 한번은 아침 일찍 일어나 텃밭에 나가서 물을 주고 나서 상추를 수확했다. 나중에는 수확량이 너무 많아 옆집에 나눠 주었다. 양쪽 옆집에는 할머니가 홀로 살고 계셨는데 아이들도 예뻐하시고 집사람과도 잘 지냈다. 아파트 관리하시는 경비아저씨에게도 나눠 드렸다. 모두들 맛있게 먹었다고 고마워한다. 한번은 옥수수를 드렸더니 옆집 할머니께서는 딸이 빵을 사왔다며 나눠주시기도 했다. 이웃집과 물물교환을 하는 느낌이 들었다. 만약 상추를 재배하지 않았다면 나눠줄 생각은 엄두도 못 냈을 것이다. 옛말에 '곳간에서 인심 난다'고 했던가. 상추를 나눠주면서 옆집 할머니들과도 더욱 친하게 지낼 수 있는 계기가 됐다. 그동안 엘리베이터에서 만날 때 인사만 하는 사이였는데 집에 놀러 오는 사이가 됐다.

　최근 초등학생을 대상으로 하는 농촌 체험이 인기다. 농업인이 작물을 잘 키워 수확 철이 되면 딸기 따기, 감자 캐기, 고구마 캐기와 같은 다양한 체험 프로그램을 진행한다. 인건비도 절감되고 수확 농산물도 팔게 되니 일석이조다. 가을 주말농장에서는 수확의 기쁨이 크다. 아이들이 좋아하는 고구마, 고소한 땅콩, 건강에 좋은 야콘과 같은 뿌리채소를 수확할 때는 상처가 나지 않도록 주의가 필요하다. 아이들은 호미로 보물을 다루듯이 조심조심 땅을 파기 시작한다. 땅속에 숨어 있던 커다란 고구마가 보일 때면 아이들은 환호성을 지른다. 얼마 되지 않는 가을걷이 수확물을 진열해놓고 자랑스러워한다. 직접 심고 물을 줘서 재배한 것이라 더욱 그런 것 같다.

주말농장의 고비 ＿＿＿＿＿

　주말농장에서 가장 위험한 시기가 여름휴가 기간이다. 장기간 돌보지 않은 텃밭은 잡초가 무성하게 자란다. 작물들도 제각각이다. 도중에 비바람이 세차게 몰아치기라도 하면 작물이 쓰러지기도 한다. 장마철과 여름휴가를 기점으로 주말농장을 계속할 것인가 아니면 그만둘 것인가 기로에 선다. 비가 와서 텃밭에 가지 못하고, 여름휴가 때문에 못 갔던 텃밭은 풀이 우거져 풀밭이 되고 만다. 관리되지 않은 풀밭은 옆의 텃밭 주인에게도 피해를 준다. 뱀도 나올 것 같고 잡초가 많아 모기며 병충해도 옮겨올 수 있기 때문이다. 주말농장을 처음 시작하는 도시농업인의 절반 정도는 이 시기에 중단하는 경우가 많다. 7월을 지나 8월 말에는 1차 심었던 작물을 정리하고 김장 배추와 무를 심는다. 요즘 김장을 하지 않는 사람이 많아 더욱 텃밭을 방치하는 사람이 많다.

어느 해 7월 초 중부지방에 집중호우가 이틀간 계속됐다. 농사를 짓다 보니 전엔 비가 안 와서 걱정이었는데 너무 많이 와도 걱정이 됐다. 비가 멈춘 후 주말농장에 가보니 물난리가 났다. 너무 많은 빗물이 배수로를 범람해 텃밭으로 관통해 흘렀다. 작물은 떠내려가고 옥수수는 쓰러져 있었다. 텃밭 안으로 들어갔더니 발목까지 빠진다. 물난리로 텃밭이 엉망이 된 것이다. 옥수수를 일으켜 세워주고 고랑을 만들어 물 빠짐이 좋게 했다. 텃밭 복구작업은 오전 내내 진행됐다. 아이들은 농작물 피해에 아랑곳하지 않는다. 푹푹 빠지는 진흙밭에서 장화를 신고 걸으며 마냥 즐거워한다. 취미 삼아 농사짓는 것이라 비 피해에도 큰 신경이 안 쓰였다. 만약 내가 생업으로 농사를 지었다면 큰 고통이었을 것이다.

김장하기 _____

    결혼해 10여 년을 살며 김장을 한 번도 해보지 않았다. 김장철에 본가와 처갓집을 오가며 도와주고 김장 김치를 가져왔다. 주말농장을 몇 년 하다 보니 김장에 도전하게 됐다. 텃밭 여름작물을 갈무리하고 배추 모종 20개를 사다가 심었다. 처음 일주일은 매일 새벽에 일어나 물을 주고 출근했다. 2~3주가 지나자 배추 모종이 시들시들 죽은 경우가 많았다. 자세히 보니 잎 주위에 시커먼 것이 많았다. 잎을 들춰 자세히 보니 배추벌레의 똥이었다. 농약을 치지 못하니 일일이 집사람과 배추벌레를 잡아 없애곤 했다. 한고비를 넘기자 무럭무럭 잘 자랐다. 배추에 물을 줄 때 소변액비를 섞어준 것이 효과가 있었다. 11월 어느 토요일 아침에 일찍 배추를 수확해서 1차 손질을 해서 집으로 가져왔다. 아파트에서 김장한다는 것은 정말 어려운 일이다. 단독 주택은 마당이 있어서 큰 플라스틱 통에 절인다. 하지만 아파트에선 그렇게 하지 못한다. 거실에서 신문지를 펴고 배추를 반으로 쪼개 화장실 욕조에서 절였다. 하루 정도 지나 다음 날 아침에 배추를 씻어서 물기를 뺀 다음 온 가족이 거실에서 김장을 했다. 김장을 마치고 거실에 놓인 김치통 3개를 보며 감격했다. 앞으로도 계속 김치를 내 손으로 담아 먹자고 집사람과 이야기했다.

소통과 삶의 여유 _____

　각 지자체에서는 공영 주말농장을 많이 조성하고 운영 중이다. 도시에서 공영 주말농장을 분양받기는 거짓말 조금 보태면 아파트 청약만큼이나 어렵다. 공영 주말농장을 운영할 때 초보자를 위해 작물 재배관리 요령을 주기적으로 지도해준다. 또한 주말농장 참여자들과 함께 팜파티를 기획하기도 한다. 제철 농산물을 주제로 요리를 만들고 음식공연을 곁들인 행사를 주최한다. 도시농업에 참여하는 사람들과 음식을 나누며 서로 소통하는 시간을 갖는다. 삭막한 도시생활과 단절된 이웃을 알아간다는 것은 삶의 활력소가 될 수 있다. 도시농업의 관심이 증가하면서 도시 근교의 농지를 이용한 주말농장도 활발하게 진행 중이다. 농업인은 농사를 지을 때보다 높은 소득을 올릴 수 있다. 도시민과 농업인이 주말농장을 매개로 소통하며 교류할 기회가 많아진다.

　처음 주말농장은 아이들과 즐거운 시간을 보내기 위해서 시작했다. 첫해는 농업인에게 직접 임대해 작물을 키웠다. 다음 해에는 생태환경단체에서 운영하는 텃밭을 얻어 재배했다. 지자체에서 운영하는 주말농장을 분양받아 짓기로 했다. 주말농장을 하다 보니 내 가족만이 아닌 이웃과 소통하는 주말농장에 관심이 갔다. 반복되는 일상생활에서 벗어나 새로운 활동에 따른 삶의 활력을 얻을 수 있다. 아이들에게는 자연환경 가치와 농업의 소중함을 자연스럽게 깨우치는 소중한 시간이 된다. 단절된 이웃 간에 가까이 다가갈 수 있는 매개체로 주말농장이 적격이다. 주말농장으로 이웃과 친근하게 지내며 즐겁게 삶의 여유를 찾기 바란다.

옥상텃밭 농農정원

도시생활에 익숙해진 사람들에게 가장 필요한 것은 무엇?

현대 문명의 산물이 아닌, 바로 '자연'이 아닐까?

도심 속 녹지 부족 문제를 개선하기 위한 전 세계적인 노력에 발맞

춰 삭막한 도시의 건물 옥상에 텃밭을 만들어 도시농업에 도전하는

도시 남자 다섯 명의 좌충우돌 리얼 농사 버라이어티!

– KBS 2TV '인간의 조건–도시농부', IBS 중앙방송. 2015.05.19. –

2015년 KBS 2TV에서 방영된 〈인간의 조건〉 프로그램의 홍보문구다. 도시 남자 6명이 100평 규모의 옥상텃밭을 조성하고 작물을 가꾸는 리얼Real 농사 프로그램이다. 실제 농사를 지어보지 않았던 6명 출연자는 호기심과 의지로 1년 농사를 짓는다. 참여한 연예인은 각자 목적이 있다. 아이들에게 안전한 먹을거리를 주고 싶다, 농사를 통해서 삭

막한 도시에서 힐링을 찾자, 직접 생산한 농산물로 맛있는 요리를 만들고 싶다. 실제 농사를 짓는 농업인들이 보면 조금 황당한 부분도 있겠지만 도시농업인의 입장에서 재미있게 봤다.

TV 방영 이후 도시농업에 관심을 갖는 시청자도 많았다. 도시농업의 목적을 정확하게 전달했다. 도시농업으로 많은 농산물을 생산하는 것보다는 작물을 키우는 과정에서 즐거움과 기쁨을 느끼는 거다. 재배작물 선택과 키우는 과정에 많은 이견도 있었다. 구성원의 의견을 존중하며 타협으로 함께 진행하는 모습이 인상적이다. 한여름 뙤약볕에서 물주고 잡초 뽑고 키운 재료로 전문 요리사가 만들어주는 음식 또한 별미였을 것이다. 생각지도 못했던 옥상에서 벼를 키워 수확하는 모습도 감동적이었다. 도시에서도 충분히 농사를 지을 수 있다는 것을 소개해준 것에 감사한다.

회사 이전과 생활의 변화 _____

필자가 근무하는 회사는 농업·농촌의 발전을 지원하는 공공기관이다. 즉, 농업인 교육, 농업가치 홍보, 농업정보 지원과 같은 업무를 한다. 수도권에서 살다가 지방으로 내려오다 보니 생활에 많은 변화가 있었다. 가장 큰 변화가 출퇴근 방법과 퇴근 후의 시간이다. 회사 이전에 따라 이사를 하지 못해 두 달간 수원에서 출퇴근했다. 아침 6시에 일어나 씻고 집을 나선다. 수원역에서 7시 15분 기차를 타고 조치원역에 내려 회사에 도착하면 8시 40분이다. 기차는 전철과 달라 바로바로 탈 수 없다. 기차가 지연되거나 타지 못해 지각한 적도 있다. 정해진 기차를 타기 위해 항상 긴장해야 한다. 퇴근할 때도 마찬가지다. 출근의 역순으로 회사에서 6시 30분에 나와 집에 도착하면 8시 30분이 넘는다. 야근이 없는 날이 그렇다. 야근을 9시까지 하는 날에는 12시가 넘어서 집에 도착한다. 주중에는 아이들 얼굴 보기 힘들다. 가족과 차분하게 이야기할 시간도 없다. 주5일 동안 오직 출근을 위해 매일매일 긴장하며 지낸다. 처음엔 출퇴근하며 책을 읽을 수 있어서 좋았다. 하지만 책을 읽는 좋은 시간은 오래가지 않았다. 시간이 지나면서 기차에 올라 좌석에 앉기만 하면 졸았다. 하루 4시간의 출퇴근 시간은 육체적으로 너무 피곤했다. 긴 출퇴근 시간에 지쳐 두 달 만에 회사 근처에 원룸을 얻었다. 원룸을 얻어 생활하는 직원은 30%가 넘는다. 자유롭고 지루했던 1년간의 원룸 생활이었다.

또 다른 큰 변화는 퇴근 후의 시간이었다. 퇴근 후 가족과 함께 보내는 시간이 없다. 내일 출근을 위해 오로지 잠을 자야 한다. 퇴근 후 가족과의 생활은 꿈도 못 꾼다. 퇴근 후 물건을 사러 간다든지 영화나 공연을 보러 가는 일은 힘들다. 모든 여가 활동은 주말로 미뤄야 한다. 하지만 주말에는 지친 육체를 풀어줘야 한다. 쉬지 않고 가족들과 나들이라도 다녀오는 주말은 일주일 동안 힘들다. 회사 근처에 원룸을 얻어 생활할 때는 또 달랐다. 처음엔 혼자 살다 보니 신경 쓸 것이 없어 자유를 만끽했다. 어느 정도 시간이 지나서는 퇴근 후에 방에 혼자서 우두커니 앉아서 TV 보는 날이 많았다. 점점 우울해졌다. 삶이 즐겁지 않았다. 매일매일 출근과 퇴근의 반복이었다. 퇴근 후에 시간 활용을 다시 한 번 생각했다. 이런 생각들이 나만 그런 것이 아니라 다른 직원들도 마찬가지였다. 그러다 보니 퇴근 후 원룸 생활하는 사람끼리 모여서 술 마시는 일이 잦아졌다. 퇴근 이후 술자리는 다음날까지 숙취로 힘들게 했다. 가족과 떨어져서 지낸 시간은 많은 생각을 하게 했고 생활의 변화를 가져왔다.

지난달 청년실업률이 1999년 8월 이후 최고치인 9.4%를 기록했다. 취업자 수도 21만 2,000명으로 떨어져 청년층 취업절벽이 사상 최악인 것으로 나타났다.

− 청년실업률 9.4% '취업절벽', 취업자 수도 20만 명선 '턱걸이',

〈디지털타임스〉, 2017.09.13. −

최근 젊은 세대 취업난이 심각하다. 취업준비생이 취업할 때 가장 중요한 기준은 무얼까? 연봉? 아니면 안정된 직장? 물론 둘 다 충족하면 좋을 것이다. 신문기사를 보면 가장 선호도가 높은 직종이 공무원이다. 2018년 국가공무원 9급 공채 필기시험이 평균 40 : 1의 높은 경쟁률을 나타냈다. 공무원을 준비하는 수험생은 '공무원이 되기 위해서는 2~3년은 준비해야 한다'고 한다. 공무원과 마찬가지로 공공기관 취업도 인기가 높다. 공공기관의 경쟁률도 이와 같거나 더 높은 경우가 많다. 그런데 오랜 시간의 취업준비와 높은 경쟁률을 뚫고 입사한 신입직원의 회사 적응이 쉽지 않다. '동료와의 관계 맺음이 원활하지 않다, 상사의 질책에 힘들다, 선배의 가르침이 싫다, 새로운 업무가 맞지 않는다, 회사가 재미없고 힘들고 지겹다' 등등. 어렵게 입사한 회사를 2년도 채우지 못하고 그만두는 경우가 많다. 안타깝다. 퇴사하는 이유를 들어보면 여러 가지다. 대학원에 진학한다, 잠시 쉬고 싶다. 하지만 실제 이유는 따로 있다. 일보다는 사람과의 관계가 힘든 것이다. 상사와 관계가 힘든 경우가 많다. 이런 모습을 볼 때마다 안타까운 생각이 든다. 입사 후 3년이 고비다. 회사생활 3년을 무사히 넘기면 무난히 잘 다닐 수 있다.

옥상텃밭 모집공고

회사에서 일과 성과만을 쫓기보다는 재밌고 즐거운 직장생활을 만들고 싶었다. 직원들 간에 서로 소통하는 활기찬 조직문화가 필요했다. 일만이 아닌 직원이 함께할 수 있는 것을 생각했다. 축구, 탁구, 독서모임과 같이 동아리 활동도 있다. 친목을 도모하기 위해서는 먹을 것이 있어야 한다. 맛있는 음식을 먹고 배부르면 여유도 생긴다. 맛있는 음식을 직접 재배한 채소로 만들면 더욱 좋다. 이것이 도시농업이다. '옥상텃밭'이라는 결론을 내렸다. 원장에게 옥상텃밭 계획안을 작성해 취지와 목적을 설명했다. 원장은 흔쾌히 승낙을 해주었으며 상자텃밭, 모종, 상토, 모종삽과 같은 재료를 구입하기 위해서 300만 원을 지원해주었다.

옥상텃밭 회원 모집공고를 사내 인트라넷에 공지하고 텃밭 계획을 세웠다. '어떤 작물을 심을 것이며 어떻게 운영할까?' 많은 고민을 했다. 옥상텃밭 모집에는 31명의 직원이 회원으로 참여했다. 옥상텃밭 조성을 위해서 상자텃밭을 주문하고 텃밭에 심을 작물을 정했다. 옥상텃밭을 진행하며 함께 즐길 수 있는 행사 프로그램도 총 15회 기획했다.

옥상텃밭 시작하기

주문한 상자텃밭과 상토가 도착했다. 옥상에 상자텃밭을 배치하고 상토를 채워 놓았다. 상자텃밭에 심을 쌈채류, 허브류, 과채류와 같은 다양한 작물 모종도 준비했다. 텃밭관리를 위해서 물조리, 모종삽, 지지대, 노끈과 같은 것도 마련했다. 옥상텃밭 개장식은 점심시간에 했다. 여가 활동으로 시작한 옥상텃밭 행사라 일과시간에 부담을 주고 싶지 않았기 때문이다. 특별히 작물 재배방법을 설명해주기 위해서 세종시 농업기술센터 도시농업 관계자를 초청했다. 도시농업 관계자는 작물을 심는 방법과 물 주기, 지지대 설치하기, 잡초 제거, 병충해 관리, 수확하기와 같은 전반적인 부분을 설명해줬다. 설명이 끝나고 준비한 모종을 상자텃밭에 심었다. 모종을 옮겨심기 위해서는 구멍을 파고, 물을 충분히 주고, 모종을 심어야 한다. 옥상텃밭 회원 16명이 참여했고 상자텃밭 110개에 모종을 옮겨 심는 데 약 40분이 걸렸다. 직원 중에는 모종을 처음 심었다는 사람도 있다. 땀 흘리며 모종을 심은 상자텃밭을 보니 대견스럽다. 작업을 마치고 옥상에서 주문한 도시락을 먹었다. 야외에서 먹어서인지 일한 뒤 배가 고파서인지 몰라도 점심은 꿀맛이었다. 옥상에서 함께 도시락을 먹으며 작업 이야기와 앞으로 텃밭운영에 대해서 많은 이야기를 나눴다.

처음 작물을 심어본 직원의 에피소드는 모두에게 웃음을 준다. 직장에서 잠시 업무를 잊고 옥상텃밭으로 소통하는 시간을 갖는다. 작업을 하며 일이 아닌 사적인 대화를 나누며 직원에 대해 깊이 알아간다. 뜨거운 햇볕 아래에서 땀이 나고 흙이 묻어 번거롭지만 잠시나마 업무를 잊고 동료와 웃고 떠들며 즐거운 시간을 보낸다.

옥상텃밭 물 주기 _____

옥상텃밭 관리는 어렵지 않다. 물 주기 외에는 특별한 것이 없다. 텃밭에 물 주기는 아침에 출근해 일과시간 전이나 일과 종료 6시 이후에 한다. 물 주는 당번을 정해서 공지했다. 회원 31명이 한 달에 한 번만 물을 주면 되는 것이다. 100여 개의 상자텃밭에 물을 주기 위해서는 30분 정도가 소요됐다. 상자텃밭의 용량이 한정돼 있고 햇볕에 노출돼 있어서 물관리가 무엇보다 중요하다. 하루에 한 번 주는 것이 가장 적당하지만 부득이한 경우 이틀에 한 번은 꼭 줘야 한다. 직장 내의 옥상텃밭이다 보니 휴일이 가장 걱정이 된다. 출근하지 않는 주말이 걱정이다. 3~4일 연휴라도 있을 때는 옥상텃밭의 작물이 걱정돼 일부러 회사에 나가 물을 주기도 했다. 지난해 추석 명절의 연휴가 9일이어서 걱정이 됐는데 다행히 중간중간 비가 와주었다. 작물을 심는 것에 그치지 않고 잘 자랄 수 있도록 보살피고 관리를 해줘야 한다. 사람도 마찬가지다. 혼자가 아닌 함께 어울리기를 원한다. 상대방에게 관심을 갖고 따뜻한 격려의 말 한마디가 살아가는 데 큰 힘이 된다.

옥상텃밭 수확하기 _____

　며칠 전에 심었던 상추가 많이 컸다. 잘 자란 상추를 수확해 옥상에서 바비큐 파티를 하려고 계획했다. 일과 후에 옥상에서 바비큐를 하면서 동료들과 즐거운 시간을 갖기 위해 준비를 했다. 하지만 숯불을 피워 고기를 구워 먹는 것은 건물의 안전관리상 위험하다는 판단하에 취소했다. 바비큐 파티 계획은 점심시간에 보쌈과 족발을 먹는 것으로 대체했다. 회원들과 번개모임을 해 점심시간에 옥상에 모여 갓 수확한 상추와 주문한 보쌈과 족발을 먹었다. 식당에서 먹는 맛과는 비교가 되지 않았다. 보쌈과 족발을 주문할 때 딸려온 상추보다는 직접 키운 상추가 더 맛있다고 하면서 먹는다. 진짜로 맛이 다를까 싶다. 직접 키운 상추는 정성과 이야기가 있어 더 맛있게 느껴지는 것이다.

　옥상이다 보니 흡연 장소이기도 하다. 근무시간 도중에 담배를 피우기 위해서 옥상을 자주 방문하는 직원이 많다. 예전엔 커피 한잔을 타서 옥상에 올라가 담배를 피우며 마셨다. 그러나 옥상텃밭이 생긴 뒤로는 커피는 타지 않고 옥상에 간다. 옥상텃밭에 방울토마토가 빨갛게 익어가고 있기 때문이다. 잘 익은 방울토마토를 따서 씻지도 않고 바로 먹는다. 잘 자란 상추는 회사 인근 원룸에서 살고 있는 여직원들에게 인기다. 바로 지은 밥에 싱싱한 상추 몇 장만 있으면 간단히 한 끼를 먹을 수 있다. 가족과 살지 않고 혼자 생활하면 채소나 과일 먹기가 쉽지 않다. 옥상텃밭에서 많은 수확물을 바라지는 않는다. 소량이지만 수확된 농산물을 매개체로 음식을 나누며 소통의 시간을 갖고 싶은 것이다. 옥상텃밭을 할 때 오로지 작업만 하는 것은 의미가 없다고 본다. 옥상텃밭을 통해 수확된 농산물을 핑계로 함께 어울리는 것이다. 맛있고 유명한 음식점보다는 소탈하지만 정감 있는 옥상텃밭에서 즐기는 것도 좋다.

떡 돌리기

옥상텃밭에 벼를 심을 수 있는 상자 10개를 준비했다. 보통 채소 재배하는 상자텃밭과 다르게 고무로 된 물을 담을 수 있는 용기다. 용기 안에 상토와 흙을 섞어 담는다. 시중에서 파는 상토만 담을 경우 가벼워서 뜨기 때문이다. 벼 모종은 시흥시농업기술센터의 지인을 통해서 얻을 수 있었다. 벼 모종을 직원들과 함께 심었다. 모내기라 할 수 없지만 일단 10개의 벼상자 용기에 적당한 간격으로 심었다. 모를 심어 놓으니 벌써 가을 추수가 기대된다. 벼 상자는 관리가 수월하다. 벼 상자에 물이 마르지 않도록 물을 채워주기만 하면 된다. 옥상텃밭에 채소 작물만 있는 것보다는 벼가 함께 자라고 있으니 보기도 좋았다. 직원들도 쑥쑥 자라고 있는 벼에 관심을 가졌다. 8월에 접어들면서 벼꽃을 피웠다. 몇 사람이나 벼꽃을 봤는지 모르겠다. 벼꽃은 피어 있는 시간이 2~3일로 짧다. 벼꽃은 6개의 수술과 1개의 암술로 구성돼 있다. 벼 껍질 안에 암술이 있으며 껍질이 벌어지고 수술이 아래로 처지면서 수분이 일어난다. 수분이 이뤄져야 우리가 먹는 쌀이 된다.

가을이 무르익어 벼를 수확하게 된다. 벼를 수확하기 일주일 전에 물을 주지 않아 흙이 마르도록 했다. 벼 수확은 일과 후에 직원과 함께했다. 대학을 갓 졸업한 친구인데 집이 서울이다. 지금까지 벼 베기를 한 번도 해보지 않았다고 했다. 10개의 벼 상자에서 볏단 3개를 얻을 수 있었다. 볏단을 처음 본 직원은 어깨에 둘러메며 포즈를 취하기도 한다. 어린이를 위한 체험이 아니라 성인을 위한 벼 베기 체험이다. 수확된 볏단은 말리기 위해서 옥상에 세워놓았다. 연말이라서 사업 마무리에 모두 바쁘다. 1주일 전에 베어놓은 벼를 탈곡해야 하는데 시간이 없다. 하루 이틀 미루다 2주가 지났다. 더는 미룰 수가 없어서 점심시간에 탈곡하기로 했다. 벼 탈곡 작업에 도움을 요청했다. 벼 탈곡은 신문지를 깔아 놓고 벼 이삭을 손으로 훑었다. 볏단 3개를 6명이 둥그렇게 모여 앉아 탈곡 작업을 했다. 옥상 바닥에 앉아 벼 탈곡을 하면서 이런 저런 이야기를 나눈다. 어떤 친구는 오후 내내 이것만 했으면 좋겠다고 한다. 매일 업무에 시달렸던 모양이다. 직원들과 합심해서 탈곡한 벼는 2kg 정도였다.

수확된 쌀이 적어 떡을 만들 수는 없었다. 그래서 쌀을 더 사서 떡을 만들어 회사에 가져왔다. '우리 원 옥상텃밭에서 수확한 쌀로 만든 떡'이라는 메모와 함께 직원들에게 떡을 돌렸다. 옥상텃밭에 재배한 쌀로 만든 떡을 먹으며 한때의 옥상텃밭 추억을 나누는 시간이 됐다.

김장 배추

연말이 되면 김장 나누기, 불우이웃돕기, 바자회 같은 행사를 많이 한다. 우리 회사도 매년 김장을 해서 인근 보육시설이나 양로원에 보내고 있다. 옥상텃밭을 계획하면서 하반기 작물로는 배추를 심어서 김장 나누기를 하기로 했다. 상자텃밭에 한 포기씩만 심어도 100포기가 된다. 100포기면 김장 나누기에 충분하다. 상반기에 텃밭상자의 작물을 정리하고 배추를 심을 준비를 했다. 모종을 사다가 심는 방법도 있지만 포트에 씨앗을 뿌려서 모종을 길렀다. 옥상텃밭 회원들과 배추 모종을 옮겨 심었다. 옮겨 심은 배추는 하루가 다르게 잘 자랐다. 큰 배추를 얻고 싶은 욕심에 웃거름도 주었다.

11월 말이 지났다. 제법 날씨가 쌀쌀해졌다. 배추 수확을 해야 했다. 경영지원실에 올해 김장 나누기 행사를 문의했는데 올해는 없단다. '아이쿠! 그럼 옥상에 있는 배추는 어떡하나?' 걱정이 앞섰다. 배추 처리에 골머리를 앓았다. 임시방편으로 배추를 직원들에게 강매하기로 했다. 배추를 수확해 현관에 두고, 가져가면서 불우이웃돕기 성금을 내도록 공지했다. 어느 날 늦은 오후 시간에 눈이 내리기 시작했다. 눈을 맞으면 배추가 얼 것이 뻔했다. 그래서 동료 몇 명을 데리고 옥상으로 올라가 배추를 수확했다. 수확한 배추는 현관 앞에 진열해놓고 필요한 사람은 가져가도록 했다. 불우이웃돕기 성금함도 만들어 옆에 두었다. 퇴근길에 직원들은 배추를 한두 포기씩 가져갔다. 다음날 출근하니 배추는 조금 남아 있었다. 현관 앞에 미관상 보기가 좋지 않아 남은 배추를 치웠다. 불우이웃돕기 성금함에는 5만 원이 들어 있었다. 배추 팔아서 모은 5만 원은 연말에 불우이웃돕기에 보태라고 경영지원실에 전달했다. 올해는 김장 나누기를 못했지만 직원들의 성의에 힘입어서 적은 액수나마 불우이웃돕기 성금으로 낼 수 있었다.

　직장 내 옥상텃밭 활동을 하면서 나 자신보다는 남을 먼저 배려하게 됐다. 재배하고 있는 농작물의 수확량은 중요하지 않다. 텃밭 준비를 하고, 모종을 심고, 물을 주고, 작물을 재배하는 과정에서 동료를 돌아보게 된다. 동료들과 사적인 대화를 통해 상대방을 이해한다. 회사가 일만이 아닌 다른 즐거운 삶의 장소로 인식된다. 업무의 성과만이 아닌 자아실현을 이루는 기반이 된다. 매일 반복되는 무의미한 일상생활이 활력이 넘치는 소중한 생활로 거듭날 것이다.

03

실내 도시농업

우리나라는 아파트에서 생활하는 사람이 절반이 넘는다. 대도시일수록 아파트에서 생활하는 사람이 더 많다. 아파트에 살면서 작물을 키우고 싶을 때는 베란다에 상자텃밭을 두어 재배한다. 베란다 상자텃밭에 쌈채소류와 토마토를 심어 수확한다. 수확한 쌈채소는 한 끼 반찬으로 충분하다. 작물을 가꾸기 위해 차를 타고 나갈 필요도 없다. 마음만 먹고 창문을 열고 베란다로 나가면 된다. 아파트의 베란다는 접근이 쉽고, 부담 없이 작물을 가꿀 수 있는 최적지다. 하지만 요즘은 베란다에서 작물을 키우는 모습을 보기가 쉽지 않다. 아파트를 분양받을 때 거실을 확장하기 때문이다. 베란다가 없으니 상자텃밭을 놓을 공간이 없다. 아파트 구조가 변한 것이다. 베란다가 없으니 창문을 여는 것도 힘들다. 외부와 내부의 범퍼 역할을 하던 베란다가 없어진 것이다. 거실 공간이 넓어 좋아지긴 했지만 유용한 베란다가 없어 불편하다.

새집 증후군 _____

　아파트에 입주하기 2개월 전, 하자점검의 날이었다. 안내직원의 도움으로 동과 호수를 확인하고 아파트 안으로 들어갈 수 있었다. 그동안 궁금했던 새 아파트 내부를 볼 수 있었다. 하자점검은 아파트를 분양받고 입주 전에 최종 내부시공 상태를 점검하는 것이다. 물론 입주해서도 하자가 있을 경우에 고쳐준다. 하지만 입주 전에 잘못된 시설에 대해 개선을 요청해야 이사 전에 수리돼 번잡함이 없다. 가족들은 들뜬 마음으로 아파트 내부 이곳저곳을 구경했다. 구경하면서 개선할 부분을 꼼꼼하게 체크한다. 새로 지은 집이어서 그런지 이상한 냄새가 많이 났다. 한 30분 정도 지났을 때 첫째 아이가 눈을 비비기 시작하며 재채기를 한다. 눈물을 흘리며 눈이 빨개졌다. 새집 증후군에 첫째 아이가 가장 먼저 반응했다. 아이들을 집 밖으로 나가도록 하고 하자점검을 계속했다. 새집을 갖게 돼 기분은 좋았지만 새집 증후군이 걱정됐다.

　새집 증후군이란 건물을 새로 지을 때 사용하는 건축자재나 벽지에서 유해물질이 발생해 입주자의 건강에 피해를 주는 것을 말한다. 새집에서 발생하는 유해물질로는 벤젠, 톨루엔, 포름알데히드, 일산화탄소와 같은 오염물질이다. 새집 유해물질에 장시간 노출되면 두통, 가려움, 현기증, 재채기와 같은 증상이 나타난다. 장시간 방치하면 심장병이나 암의 원인이 될 수 있다. 새집 증후군에 반응을 일으키는 첫째 아이가 걱정됐다. 이사 오기 전에 새집 증후군 요인을 없애는 것이 필요했다. 새집 증후군을 없애는 방법을 찾기 위해 인터넷을 찾아보니 여러 가지 방법이 있다. 그중에 베이크아웃Bake Out이란 방법을 사용해보기로 했다. 베이크아웃 방법은 창문을 모두 닫아 밀폐한 후에 실내 온도를 35~40도까지 올려 유해물질이 배출되도록 하는 것이다. 유해물질이 충분히 배출되면 환기를 시켜주는데, 이러한 방법을 5~6회 반복한다. 필자는 이사하기 1개월 전에 먼저 입주해 아침저녁으로 베이크아웃을 실시했다.

실내 정원과 공기정화 _____

　새 아파트로 이사를 와서는 거실에 공기정화 식물을 키웠다. 원예식물은 공기정화 능력이 매우 좋다. 식물이 광합성 작용으로 방출하는 음이온이나 향기, 산소 발생은 실내 공기를 정화시켜 준다. 음이온은 피부와 호흡을 통해 신진대사를 촉진한다. 음이온은 신체에서 혈액 정화, 통증 완화, 자율신경 조절, 저항력 증가, 세포 부활과 같은 작용을 한다. 음이온이 많이 발생하는 식물은 팔손이나무, 심비디움, 광나무와 같은 잎이 크고 증산작용이 활발한 식물이다. 식물의 증산작용은 실내 습도를 높이고 주변 온도를 조절한다. 잎에 흡수된 오염물질은 작물 생육에 이용돼 제거되고 일부는 뿌리로 이동해 영양분이 된다. 실내에서 식물을 키우는 것은 좋은 환경을 제공하고 심적으로 안정감을 준다. 미국 항공우주국 나사NASA가 선정한 공기정화 능력이 뛰어난 50대 식물 중에 아레카야자, 관음죽, 대나무야자, 인도고무나무, 드라세나와 같은 것이 있다. 대부분 식물은 포름알데히드와 암모니아 제거능력이 탁월하다.

4차 산업혁명 시대, 도시농업 힐링

실제 농촌진흥청의 연구결과에 따르면 '108㎡ 아파트, 거실 넓이가 약 20㎡인 공간에서 실질적인 새집 증후군 완화 효과를 얻기 위해서는 화분을 포함한 식물의 높이가 1m 이상인 큰 식물일 경우 3.6개, 중간 크기의 식물은 7.2개, 30cm 이하의 작은 식물은 10.8개를 놓아야 한다'고 한다. 거실은 가족이 가장 많은 시간을 보내는 공간이다. 공간이 넓어서 1m 정도 큰 식물을 놓는 것이 좋다. 거실에 좋은 식물은 아레카야자, 피닉스야자, 인도고무나무와 같은 것이 있다. 침실에는 밤에 공기정화 작용을 할 수 있는 호접란, 선인장, 다육식물과 같은 것이 좋다. 아이들 공부방은 음이온이 많이 발생하고 기억력 향상에 도움을 주는 식물로 팔손이나무, 개운죽, 로즈마리와 같은 것이 좋다. 특히, 컴퓨터 모니터 옆에는 선인장을 놓는 것도 좋다. 화장실에는 각종 냄새와 암모니아 가스를 제거하는 관음죽, 백문동, 안스리움, 테이블 야자와 같은 식물이 좋다. 주방에는 일산화탄소를 없애기 위한 스킨답서스, 산호수, 아멜란드라를 놓는다. 현대인은 실내생활을 많이 하고 미세먼지 때문에 창문을 열지 못한다. 쾌적한 실내공간을 만들기 위해서는 기능성 식물을 키우는 것이 좋다. 작은 도시농업 실천으로 실내 공기의 정화로 건강하게 생활할 수 있다.

베란다텃밭

아파트는 도시의 대표적인 주거공간이다. 이상기온과 채소 가격 상승으로 도시에서 텃밭을 가꾸는 가정이 늘고 있다. 아파트에 살면서 도시농업을 실천할 수 있는 것이 베란다텃밭이다. 베란다의 공간을 이용해 작물을 직접 키운다. 베란다에서 작물을 키우기 위해서는 상자텃밭이 필요하다. 상자텃밭에 흙을 채우고 씨나 모종을 심고 물만 주면 잘 자란다. 베란다텃밭은 작물관리가 수월하다. 특별하게 시간을 내지 않고도 언제든지 수확할 수 있다. 일반 노지와 달리 베란다는 특수한 환경을 갖는다. 작물을 키우는 중요한 요소는 햇빛이다. 햇빛은 작물의 광합성에 중요한 역할을 한다. 베란다 창문을 통해서 들어온 햇빛은 일반 노지와 비교하면 약하다. 아파트 층수가 낮을수록 햇빛 투과율은 낮다. 베란다텃밭에서는 햇빛을 적게 받아도 잘 자랄 수 있는 작물 선택이 중요하다. 햇빛이 건물에 가리거나 저층인 경우에는 인공광을 활용한다. 베란다는 채소가 자라는 온도 조건을 갖는다. 채소가 잘 자라는 온도는 20℃ ~25℃이다. 베란다에서 잘 자라는 작물은 상추, 청경채, 방울토마토, 신선초와 같은 것이 있다. 햇빛을 많이 요구하는 고추, 가지, 딸기, 배추와 같은 작물은 키우기가 어렵다.

베란다에서 벼를 키운 적이 있다. 모내기 논에서 벼 모종을 얻어와 베란다에서 벼 화분에 심어 길렀다. 일반적으로 벼는 자라면서 분얼 과정을 거쳐서 포기 수가 늘어난다. 하지만 베란다에 심어놓은 벼는 포기가 늘지 않았다. 두 포기를 심었는데 수확 때까지 두 포기였다. 이삭에 달린 벼 낟알 숫자도 많지 않았다. 햇빛을 많이 받도록 창밖으로 내놓기도 했다. 논이 아닌 곳에서 벼를 재배한다는 것은 즐거운 일이다. 매일 쑥쑥 자라는 작물의 모습을 관찰할 수 있다. 아름다운 벼꽃도 가까이서 자세하게 볼 수 있다. 베란다텃밭에서 수확물은 적지만 키우는 재미는 너무 좋았다. 아이들이 있는 경우에는 교육적으로 가치가 있다. 베란다에 상자텃밭 한 개를 지정해서 아이에게 키우도록 한다. 아이가 직접 키운 채소를 수확해 가족과 함께 먹는다. 아이는 그동안 채소를 키운 과정을 이야기하며 자랑스러워한다.

　도심의 아파트에서 살면서 주말농장의 텃밭을 가꾸기가 힘들다면 베란다텃밭에 도전해보기 바란다. 베란다에 상자텃밭 1개로 시작한다. 상자텃밭에 상추를 심어 가꾼다. 바로 수확한 상추쌈을 먹어보라. 다른 밑반찬은 필요 없다. 된장과 상추만 있으면 밥 한 공기 먹기엔 충분하다. 베란다에서 작물을 심고 가꾸는 것은 수확량만을 위한 것은 아니다. 작물을 키우면서 잠시 여가를 즐기는 것이다. 작물과 대화를 하면서 힐링을 한다. 복잡한 생각이 정리되고 바쁜 생활에 잠시 휴식을 제공한다. 며칠 동안 고민하던 문제가 갑자기 풀릴 수 있다. 베란다텃밭은 일상생활에서도 쉽게 접근할 수 있는 도시농업이다. 실내에서의 도시농업은 우리 건강과 매우 밀접한 관계가 있다. 베란다텃밭 재배가 부족하다 싶으면 주말농장을 분양받아 텃밭을 가꾸면 된다.

도시양봉

    주말농장을 하면서 고등학교 친구를 만났다. 그 친구는 바로 옆의 텃밭에서 주말농장을 하고 있었다. 처음엔 친구인 줄 모르고 존댓말을 사용했다. 어느 날 농장에서 음식을 만들어 나눠 먹으며 자기 소개하는 시간을 가졌다. 각자 돌아가며 고향과 이름을 말했다. 그런데 고향이 나와 같았다. 이름도 귀에 익었다. "혹시 고등학교 3학년 때 8반 아니었나요?" 하고 물으니 맞다고 했다. '아이고, 이런!' 고등학교 같은 반이었던 고향 친구다. 너무 반가워서 막걸리를 한 잔 더 나누며 건배했다. 25년 만에 고향 친구를 만난 것이다. 그 친구는 텃밭 재배와 도시양봉을 한다. 양봉 기술을 배운 지는 얼마 되지 않았지만 주말 오후에는 벌통을 열어 놓고 벌집 청소와 관리를 하곤 했다.

    하루는 양봉 작업하는 친구 옆에 앉아서 양봉에 대해서 여러 가지 물어보았다. 친구는 차근차근 도시양봉에 대해 설명해줬다. 벌들의 세계는 너무 조직적이다. 각자의 주어진 업무를 성실히 수행하며 조직사회를 이루며 산다. 물론 수벌은 하는 일 없이 맨날 놀지만, 일벌은 자기 맡은 일에 최선을 다한다. 일벌은 일생 동안 중노동에 시달려 가장 먼저 죽는다. 꿀벌의 수명은 여름철에는 45일, 그 외 기간에는 3개월 정도로 조금 더 오래 산다. 일생을 고된 중노동과 꿀을 모으기 위해 고생을 많이 하다 보니 생명이 짧다. 자기가 모아 놓은 꿀은 먹지도 못한다. 일벌처럼 너무 열심히 일에 파묻혀 고생만 하고 살 필요가 없다. 일벌은 우리가 인생을 사는 데 있어 약간의 휴식과 즐거움이 필요하다는 교훈을 준다. 로열젤리를 계속 먹고 알을 생산하는 여왕벌은 3~4년 정도 산다. 다음은 친구가 해준 꿀벌 이야기다.

꿀벌 이야기 _____

여왕벌은 봉군 내에 한 마리만 있어야 한다. 알을 낳는 것이 여왕벌의 중요한 일이다. 일벌은 암벌이긴 하지만 산란기관이 퇴화해 알을 낳지 못하고 봉군 내 전반적인 일을 한다. 수벌은 매일 먹고 놀며 지낸다. 수벌의 유일한 일은 여왕벌과의 교미다.

여왕벌의 저장낭에 정충이 저장돼 있다. 저장된 정충을 알에 뿜어주면 정자문을 통해 수정란이 된다. 여왕벌은 수정란과 무정란 2종류의 알을 낳는데 수정란에서는 여왕벌과 일벌이 태어난다. 무정란에서는 수벌이 깨어난다. 꿀벌의 발육 기간은 여왕벌은 16일, 일벌은 21일, 수벌은 24일이 지나야 번데기에서 나온다. 여왕벌, 일벌, 수벌은 각자 주어진 일과 역할도 차이가 있다.

여왕벌은 태어나서 교미 전까지 처녀왕으로 불린다. 태어나자마자 로열젤리를 먹으며 다른 여왕벌이 태어나는 것을 막는다. 5일째 되는 날 오후 2~3시에는 공중비행을 한다. 상공 20~30m에서 가장 건강하고 빠른 수벌과 교미를 한다. 산란하기 전 2차, 3차 교미해 정자를 저장한다. 교미한 여왕벌은 약 3일 후부터 산란을 시작한다. 여왕벌의 산란은 밀원 조건, 기후, 일벌 수량, 봉군 내 상황과 같은 다양한 환경이 고려된다. 매일 약 1,000개 정도 알을 낳는다. 여왕벌 산란은 일생 동안 100~150만 개 정도다.

일벌의 주요 업무는 벌통 청소, 새끼 키우기, 꿀 모으기, 여왕벌 시중, 벌통 환기, 벌 세력 조정, 여왕벌과 수벌 먹이 주기와 같은 다양한 일을 한다. 태어나서 18일간의 벌통 내 활동을 마치면 벌문 비행연습, 벌집 방어, 동료 불러들이기, 꽃꿀과 화분 채취와 같은 외부에서 일을 한다. 일벌은 꽃꿀을 채집하기 위해서 최대 4km까지 날아간다. 한번 나가서 30~50mg의 꿀을 모아 돌아온다. 보통 1kg의 벌꿀을 모으기 위해서는 1마리의 꿀벌이 4만 번 이상 나가야 한다. 보통 꿀벌이 하루에 꿀을 따러 나가는 횟수는 10~15회다.

외부에서 꿀을 수집하는 일벌이 운반해온 화밀은 벌집 내부에서 일

4차 산업혁명 시대, 도시농업 힐링

하는 벌들이 가공해 저장한다. 꿀은 내역 일벌이 화밀을 '마셨다 뱉었다'를 반복해 만들어진다. 이 과정을 거치는 동안 수분이 증발하게 되며, 화밀은 과당과 포도당으로 변한다. 이처럼 일벌은 평생 주어진 일만 열심히 한다.

수벌은 태어난 지 4일이 지나야 비행을 할 수 있으며, 기관 성숙은 10일이 지나 이뤄진다. 수벌은 혀 길이가 짧아 자기 자신이 먹이를 스스로 섭취할 수 없다. 일벌이 먹이를 먹여준다. 여왕벌과의 교미는 맑은 날 오후에 이뤄진다. 여왕벌과 교미 이후 수벌은 바로 죽지만, 교미하지 않은 수벌은 최장 7~8개월까지 살 수 있다.

한나라의 왕이 두 명이 있을 수 없듯이 한 봉군 내에 두 마리 여왕벌은 있을 수 없다. 여왕벌이 태어나거나 벌집에 벌이 많아 벌집이 좁을 경우 분봉을 한다. 분봉이란 새로운 여왕벌이 태어나기 2~3일 전에 예전의 여왕벌을 따르는 추종 세력을 이끌고 벌집 밖으로 나가는 것이다. 주로 5~6월경에 일어난다. 가끔 도시에서 분봉이 생기면 여왕벌을 따라 새 벌집 터를 찾는 벌떼로 119 신고가 발생하기도 한다. 이와 같은 것을 자연 분봉이라 한다. 하지만 자연 분봉은 자주 발생하지는 않는다. 자연 분봉이 일어나지 않도록 여왕벌을 기르기 위한 방을 제거하거나 여왕벌이 산란 압박을 받아 분봉하려는 여왕벌을 제거하면 된다. 양봉은 벌의 생활환경 및 사육관리를 하는 것이다. 양봉하는 곳에는 안전 수칙이 적힌 안내판이 있다. 도시에서 꿀벌을 키우기 적합한 장소는 옥상과 텃밭이다.

꿀벌은 독을 가지고 있어 무서운 존재로 인식된다. 하지만 꿀벌은 사람보다는 꽃 속의 꿀에 관심이 있다. 먼저 건드리지만 않으면 절대 쏘지 않는다.

꿀벌을 다룰 때는 조용히 해야 하며 벌통에 충격을 주면 안 된다. 벌들의 출입구인 소문 앞에 서서 꿀벌의 출입과 활동을 방해하면 안 된다. 벌통 내검 시 벌통 뒤쪽이나 옆쪽에서 해를 등지고 짧은 시간에 해야 한다. 벌통의 위치는 될수록 변경하지 않는다. 행여 벌에 쏘여도 당황하지 말고 침착하게 암모니아수로 닦아준다. 놀라거나 당황하면 많은 벌이 달려들어 위험할 수 있다.

어린 시절 땅벌집과 싸움을 벌인 적이 있다. 등굣길 옆에 땅벌집이 있었다. 우리는 그 옆을 지나갈 때 돌을 던져서 벌집을 건드리곤 했다. 벌이 나오면 우린 도망가기 위해 달리기 시작한다. 어느 날 벌에 쏘여 분하고 억울해 저녁에 친구들과 함께 땅벌집을 소탕하기로 했다. 볏짚 단과 삽을 가져가서 볏짚 단에 불을 붙여서 벌집 위에 놓는다. 시간이 어느 정도 지나서 삽으로 벌집을 파헤쳐서 복수했다. 어린 시절 왜 벌집을 건드리고 없앴는지 모르겠다. 일생을 성실하게 일만 하고 살다가 짧은 생을 마감하는 꿀벌이 불쌍하기만 하다.

아인슈타인은 "꿀벌이 멸종하면 인간은 4년 안에 지구에서 사라질 것"이라고 경고했다. 꿀벌의 역할은 인간에게 꿀만 주는 것이 아니라 인류 식량 확보에도 매우 중요하다. 작물들이 열매를 맺기 위해서는 수분이 필요한데 꿀벌이 중요한 역할을 하고 있다.

> 국내 토종벌이 멸종 위기에 몰렸다. 꿀벌 애벌레 소화기관에서 발
> 생하는 바이러스 질병인 '낭충봉아부패병' 때문이다. 이 질병으로
> 2010년 전국 토종벌의 98%가 폐사해 토종벌 농가는 벼랑 끝으로 내
> 몰렸다. 농민들의 한숨 소리는 깊어지지만, 정부는 종복원 지원사업이
> 성과를 내지 못하자 예산 배정에 소극적이다.
>
> — 특종. 심층취재 환경리포트 토종벌이 사라진다.
>
> 〈월간중앙〉, 2016.10.17.

2010년 식량농업기구FAO는 "세계 식량의 90%를 점유하는 100대 작물 가운데 71개 작물은 꿀벌의 수분 작용을 필요로 한다"고 밝혔다.

최근에는 벌꿀 이외의 로열젤리와 프로폴리스 연구가 활발하다. 로열젤리는 여성의 피부를 윤택하게 하는 신경전달 물질과 노화를 방지하는 파로틴 유사 물질이 다량 함유돼 있다. 프로폴리스는 강력한 항균작용이 있어 고대부터 피부병, 궤양, 종기와 같은 의료용으로 이용해왔다. 의약품 외에도 화장품, 비누, 치약과 같은 생활용품으로 개발되고 있다.

꿀벌을 해치는 질병과 해충의 종류는 많다. 애벌레, 벌, 응애와 같이 생육 기간에 다양하게 감염된다. 도시양봉을 하기 위해서는 양봉관리에 세심한 주의와 관리가 요구된다. 주위 양봉 농가의 도움을 받은 것

도 좋은 방법이다.

도시양봉의 경우에는 텃밭 모퉁이나 옥상에 1~3통의 규모가 적당하다. 양봉 친구의 말을 빌리자면 "두 통만 잘 키우고 관리하면 한 말[20ℓ] 이상의 꿀을 딸 수 있다"고 한다. 꿀 한 말이면 우리 가족이 먹기에는 충분하다. 주위의 지인들과 나눌 수도 있다. 언젠가는 우리 가족이 먹을 수 있는 양의 꿀을 직접 생산하고 싶다. 도시양봉은 꼭 도전하고 싶은 분야다.

대한민국 도시농업박람회

농림축산식품부는 2012년부터 매년 대한민국 도시농업박람회를 개최했다. 개최지는 지자체의 공모를 거쳐서 정해진다. 제1회 대한민국 도시농업박람회는 서울에서 개최했다. 2018년 제7회 대한민국 도시농업박람회 개최지는 화성시다. 도시농업박람회는 각 지자체에서 자체적으로 개최하기도 한다. 필자는 제6회 대한민국 도시농업박람회의 추진위원으로 활동했다. 제6회 대한민국 도시농업박람회는 시흥시 배곧생명공원에서 개최했다. 도시농업박람회 운영 기간은 2017년 6월 1일에서 4일까지다. 박람회 개최를 위해 5~6회의 추진위원회가 열리고 실무추진협의회를 거쳐 전체 프로그램을 확정한다. 제6회 도시농업박람회 주제는 '도시농업! 건강한 삶을 노래하다'다. 세부적인 프로그램은 텃밭나라, 기획전시, 지식포럼, 상상터, 원데이 클래스, 도시농업 마켓, 무대 행사, 이벤트로 구성된다.

배곧생명공원

　제6회 대한민국 도시농업박람회 개최지인 시흥시 배곧생명공원은 신
도시개발이 한창인 곳이다. 공원 주위에는 아파트 건설을 하고 있었다.
기획전시와 지식포럼은 아파트 건설사의 분양사무실을 잠시 빌려서 진
행하기도 했다. 공원은 조성된 지 얼마 안 돼 아직은 틀이 잡히지 않은
상태였다. 좋은 점은 공원에 텃밭을 조성해 시흥시 주민에게 분양해 직
접 텃밭을 가꾸게 했다. 텃밭 활동과 자라는 작물들은 자연스럽게 박람
회의 하나의 콘텐츠로 활용한다. 배곧생명공원에서 제6회 대한민국 도
시농업박람회를 개최한다고 할 때 인근 아파트 주민들이 반대했다. 박
람회 기간의 교통혼잡과 소음에 따른 피해 걱정 때문이었다. 결과적으
로 박람회가 개최되고 그 지역은 전국의 명소가 됐다. 공원 내의 텃밭
을 분양할 때 경쟁률이 높았다. 시민들의 자발적인 참여와 호응도 좋았
다. 박람회는 배곧생명공원을 중심으로 전반적으로 진행되며 야외무대
에서는 개막식과 다채로운 공연을 한다.

개막식 준비

　드디어 개막식 전날이다. 내일 개막식을 위해 준비위원회는 분주하
다. 배곧생명공원에 설치된 각종 설치물과 전시물을 점검한다. 도시텃
밭 공모전, 곤충기획전, 도시농업 주제관, 접시정원, 기획전시실과 같은
전시물을 최종 점검한다. 메인 무대에서는 개막식이 오후 3시에 진행된

다. 개막식이 진행되는 동안의 뜨거운 햇볕이 문제였다. 1시간 넘게 진행되는 동안에 관람객을 위해 그늘막이 필요했다. 하지만 그늘막을 설치하기에는 관중석의 공간이 너무 넓었다. 그늘막 설치 높이도 문제다. 바닷가 옆이라 설치된 그늘막이 바람에 견딜 수 있을까도 걱정이다. 고민 끝에 가운데 긴 폴대를 세우고 천을 줄에 매달아 설치하기로 했다. 어린 시절 학교에서 운동회를 할 때 만국기를 달아 놓은 것과 같다. 다양한 색의 긴 천이 펄럭이며 그늘을 만들었고 축제 분위기도 연출했다. 이것으로 개막식 날의 무대 관중석의 그늘막 문제를 해결했다.

늦은 저녁을 먹고 시흥시농업기술센터에서 관계자들과 내일 있을 개막식 시나리오를 최종 검토했다. 개막식에는 농림축산식품부장관, 국회의원, 경기도지사, 시흥시장, 시의원, 농촌진흥청장, 농림수산식품교육문화원장, 도시농업 단체와 같은 관련 기관장이 참석한다. 개막식 식전행사, 내외빈 소개, 개막 퍼포먼스, 개회사, 환영사, 축사, 축하공연과 같은 정해진 행사 일정이 준비하는 사람에게는 중요하다. 관객은 즐거운 시간을 갖지만 준비하는 운영자 측은 행사가 끝날 때까지 긴장한다. 시나리오 검토는 새벽 1시가 넘어서 정리가 됐다. 도시농업박람회는 도시농업인을 위한 행사이기도 하지만 주요 내빈의 의전도 무시하지 못한다. 모든 행사 흥행이 주요 내빈의 참석 여부와 적극적인 시민들의 참여에 따라서 달라진다.

도시농업박람회 개막식 _____

　제6회 대한민국 도시농업박람회 개막식 날이다. 도시농업박람회에 참가하려는 사람들로 차량이 늘어나 정체되기 시작했다. 자원봉사자들의 유도에 따라 주차장으로 이동한다. 도시농업 관련 단체나 지방에서는 관광버스를 대여해 오기도 했다. 어린이들과 학생들은 단체로 방문한다. 오후 3시 드디어 개막식 행사를 진행한다. 개막식에서 인상적인 부분은 어린이 축문낭독이다. 도시농업을 하는 어린이들이 선언문을 낭독함으로써 제6회 대한민국 도시농업박람회의 의미를 되새기게 한다. 시흥시립합창단의 축하공연과 배곧초등학교 취타대의 축하공연도 재미있다. 성공리에 개막식을 마치고 도시농업박람회가 4일간 운영된다. 도시농업에 관심이 있는 시민들은 박람회에 방문해 다양한 정보를 얻고 체험하며 도시농업을 만끽한다.

기획전시관 _____

　농촌진흥청에서는 도시농업 관련 다양한 주제의 기획전시관을 운영했다. '들풀에서 약초까지' 주제관에서는 우리 주변에서 흔히 볼 수 있는 들풀의 모습과 생육과정을 설명한다. 어떤 들풀은 병을 치료하는 약초로 쓰이기도 한다. 건강한 삶을 위한 도시농업이 약초 관련 성과물을 전시하고 공유한다. 토종약초관은 토종약초 실물 화분, 약초 모형, 한약재와 종자표본과 같은 전시물이 있다. 들풀전시관은 다양한 들풀의 실물과 상품을 전시한다. 도시농업주제관은 생활원예 기술확산으로 도시민의 쾌적한 환경을 조성한다. 생활 속에서 즐기는 건강한 여가 활동을 제안하고 활력이 넘칠 수 있도록 한다. 주거공간과 유사한 환경에 실생활에서 활용하기 쉬운 생활원예 모델을 전시한다. 실제로 우리가 살고 있는 주거환경에 다양한 실내 도시농업 모델을 활용해 전시한다. 거실의 벽면에 수직으로 식물을 심어 가꾸는 모델이 인상적이다. 주요 전시품목은 바이오월, 스마트 무빙 가든, 말하는 식물, 에코피플, 액자 정원, 그린힐링 테이블, LED 식품재배기, 보존화, 식물 관찰키트와 같은 주거환경용 생활원예 모델이다.

도시농업 모델 전시 _____

농촌진흥청은 실내의 좁은 공간에 배치 가능한 스토리가 있는 접시 정원 구성 능력을 평가하는 생활원예 경진대회를 진행한다. 접시정원 전시관은 경진대회에서 선정된 우수작품을 전시한다. 경기도 도시농업관은 도시농업 사례와 농업과학기술의 연구결과를 홍보한다. 미래에 활용 가능한 도시농업 모델을 전시한다. 전시 품목은 수경재배기, 싱크대 매립형 재배기, 아쿠아포닉형 재배기, 꿀벌 및 뒤엉벌 체험, 스마트팜, 텃밭 장난감과 같은 모델이다. 도시농업 관련 다양한 방법으로 작물 재배 시스템을 직접 볼 수 있다. 실제로 실내 도시농업에 적용 가능한 새로운 모델이다. 도시농업의 새로운 모델과 기술 발전 현황은 일반인의 관심이 높다. 농업인 후계자와 청소년에게는 향후 진로 탐색의 기회를 준다.

텃밭 체험 _____

　텃밭나라는 인근 주민들에게 텃밭을 분양해 직접 작물을 재배하는 곳이다. 텃밭 체험 활동을 통해 도시농업을 쉽고 재미있게 접할 수 있도록 한다. 텃밭 체험 활동은 박람회 기간 6월 이전인 4월부터 작물을 심고 가꾸었다. 박람회 기간 동안에는 여러 가지 텃밭 모습을 보여준다. 기능성 텃밭에서는 건강 관련 텃밭, 식재료별 텃밭, 볼거리 텃밭으로 분류된다. 건강 관련 텃밭은 고혈압, 당뇨, 심혈관 질환, 다이어트 텃밭과 같은 건강관리 중심의 작물을 기른다. 식재료 텃밭은 샐러드, 바비큐, 식용꽃, 토종 텃밭과 같은 작물의 용도에 따라 텃밭을 가꾼다. 볼거리 텃밭은 알록달록 텃밭, 향이 있는 텃밭, 다문화 텃밭과 같이 조성된다. 텃밭 체험은 유아와 초등학생 대상의 감자 캐기 체험을 한다. 중고등학생 대상의 농기구를 이용한 텃밭 조성작업을 한다. 다양한 작물의 씨앗을 이용한 체험놀이로 씨앗놀이터를 운영한다. 작물 수확 체험으로 잎채소를 수확해 텃밭 쌈밥 먹기를 한다. 생태순환관은 지렁이 분변을 이용한 분변토 화분 만들기를 한다. 지렁이의 분변토 화분은 매우 유용한 도시농업 자재다. 이처럼 박람회 참여자는 실제 텃밭에서 가꾸는 작물을 수확하고 다양한 텃밭 체험을 직접 즐길 수 있다.

도시농업 체험

　도시농업 박람회는 3가지 주제별 체험 프로그램을 운영한다. 모든 연령대가 참여할 수 있고 도시농업을 배우는 좋은 기회다. 우리집 텃밭정원은 도시농업을 집에서 활용할 수 있게 한다. 체험 프로그램은 재활용품으로 화분 만들기, 밀 심기, 벼 모내기, 염색식물 텃밭 만들기, 원예치료, 아트 텃밭과 같은 다양한 도시농업을 배우는 체험이다. 건강한 레시피는 도시농업의 기능적 가치인 건강에 대한 체험이다. 꽃차 시음 및 효소 만들기, 건강 샐러드 만들기, 딸기 인절미 만들기, 천연 버물리 만들기, 전통주 만들기, 보리 방아 찧기와 같은 다양한 체험 활동을 한다. 도시농업은 농촌과 밀접한 관계를 갖는다. 농촌과 이어지는 다양한 활동이나 놀이를 배운다. 실뜨기와 전래놀이, 전통놀이, 누에 한살이와 물레 체험, 도예 체험, 장명루 만들기와 같은 것에 참여한다. 다양한 체험 활동을 통해서 도시농업의 의미와 농업에 대한 진정한 가치를 배울 수 있다.

농업·농촌 상담

　도시농업 마켓에서는 농업인이 직접 생산한 농산물을 도시민들이 구입한다. 경기도 농촌지역에서 생산된 농산물을 전시 및 판매한다. 농업인은 농산물을 팔아서 좋고 소비자는 안전하고 품질 좋은 농산물을 살 수 있어 좋다. 도시농업과 연관성이 깊은 귀농·귀촌 종합상담부스를 만들어 정부정책과 귀농·귀촌 관련 정보를 전달한다. 귀농·귀촌 상담 부스는 지자체 담당자가 직접 운영한다. 도시민들의 텃밭 가꾸기와 박람회 참가는 농업·농촌에 관심이 높다. 도시농업을 하는 사람은 향후 귀농·귀촌을 실행할 확률이 높다. 최근 귀농·귀촌 인구가 급증하고 있다. 지금 당장 귀농·귀촌을 할 수 없지만, 도시농업으로 새로운 삶의 활력을 찾을 수 있다.

이외에도 곤충을 직접 보고 만져보는 곤충전시 및 체험이 인기가 높다. 짚으로 만든 미로 체험과 미끄럼틀은 아이들이 정말 좋아한다. 박람회 기간에 진행한 작은 음악회는 관객들과 함께 호흡한다. 이번 박람회에 참가한 연령대는 40대가 33.1%로 가장 많았다. 30대는 32.5%, 20대는 25.5%로 조사됐다. 박람회에 참가한 주요 목적은 '일상생활을 벗어나기 위해', '새로운 경험을 하기 위해', '가족과 함께 여가 시간을 보내기 위해', '도시농업 정보를 얻기 위해'와 같이 다양하다. 박람회 관람객 중에 33.4%가 도시농업 경험이 있다. 제6회 대한민국 도시농업 박람회 참가자는 총 21만 2,000여 명이다. 대한민국 도시농업박람회는 농림축산식품부가 매년 개최한다. 도시농업 박람회를 통해 도시농업이 활발해지기를 기대한다.

06

게릴라 가드닝

'게릴라Guerrilla'라는 말은 우리에게 익숙한 용어다. 스페인어로 게릴라는 '작은 전쟁Little war'이라는 의미다. 1516년 스페인은 페르시아로부터 침략을 당하자 정식 군인이 아닌 농부들과 주민들이 작은 조직을 구성해 페르시아의 대군과 맞서 싸웠다. 이때 대규모의 군대가 전면적으로 나서는 것이 아니라 소규모의 인원으로 치르는 전쟁이라는 뜻으로 게릴라라는 말이 처음으로 등장했다.

– 도시를 푸르게 바꾸는 혁명정원이 정말 사라지고 있을까,

오경아, 2014.05.–

게릴라 가드닝Guerrilla Gardening은 게릴라와 가드닝의 합성어다. 게릴라는 군사용어로 작은 전쟁이다. 가드닝은 도시의 버려진 땅에서 정원을 가꾸는 것이다. 게릴라 가드닝은 도시의 방치되고 관리되지 않는 남

의 땅에 작물이나 꽃을 심어 정원으로 가꾸는 것이다. 게릴라 가드닝의 본래 목적은 도심의 땅을 관리하지 않은 개인 소유자나 국가, 지방정부에 메시지를 전달하는 것이다. 미관상 지저분한 땅의 새로운 용도변경을 촉구한다. 게릴라 가드닝을 통해서 도시 미관에 변화를 주고 생활에 좋은 효과를 준다. 하지만 무단으로 토지를 점거해 꽃과 작물을 가꾸는 행위는 토지 소유자와 마찰을 유발한다. 간혹 법적 소송에 휘말릴 수 있다.

> 어두운 밤 어느 골목. 의문의 사람들이 조용히 무언가를 만들었다. 다음날 그 자리를 보는 사람들의 입가에 미소가 번졌다. 사람들의 시선을 잡은 그 무언가를 만든 이들은 '2017년 게릴라 가드닝 공모전' 활동에 참여한 팀이다.
>
> — 학교 앞에 작은 정원, 골목에 화분 조성…… 주민 참여
> '게릴라 가드닝' 꽃피우다, 〈중앙일보〉, 2017.08.23. —

게릴라 가드닝 공모전 _____

농림수산식품교육문화정보원은 매년 도시농업의 적극적인 참여를 위해서 '게릴라 가드닝' 공모전을 한다. 게릴라 가드닝 공모전은 전국 대학생이나 일반 시민이 참여할 수 있다. 추후 법적인 분쟁을 없애기 위해 도시의 방치된 땅 소유자의 확인과 관련 지자체에 허가를 받도록 권장했다. 공모전 접수 및 활동은 5월부터 7월까지 진행한다. 공모참가

자는 1차 평가를 거쳐서 본선 활동팀을 선정한다. 선정된 활동팀은 게릴라 가드닝 활동 중간평가와 최종결과 발표를 해 우수작품을 결정한다. 최우수상에는 농림축산식품부장관상과 상금을 시상한다. 2017년 게릴라 가드닝 공모전에는 총 63개 팀이 참여했다. 접수된 신청서는 외부 전문가 평가단에 의해 게릴라 가드닝 활동자 35개 팀을 선정한다. 선정된 35개 팀은 2달 동안 도심의 버려진 땅에 작물과 꽃을 심어 가꾼다. 도시 미관의 개선과 쓰레기로 방치된 공간을 새롭게 만든다. 공모전에 참가한 몇 개의 사례를 살펴보자.

꽃남조 팀

대학생 5명으로 구성된 소모임 '꽃남조'다. 조치원 도심에 쓰레기와 담배꽁초가 수북이 쌓인 공간에 꽃 심기를 한다. 처음엔 5명의 대학생만 활동했다. 조치원 원리 이장님께 게릴라 가드닝 취지를 설명하고 협조를 요청한다. 취지 설명을 들은 이장님은 적극적인 지원을 약속한다. 지역 주민들의 참여로 힘을 합쳐서 도심의 방치된 공간을 깨끗하게 정리한다. 주변 정리가 끝난 공간에 정원 디자인을 하고 꽃을 심는다. 꽃을 심기 전에는 쓰레기로 방치된 공간이었으나 깨끗하고 아름다운 장소로 변한다. 게릴라 가드닝 두 달 후에 가보니 꽃잎은 떨어졌으나 쓰레기는 보이지 않았다. 악취도 없다. 지역 주민들은 수시로 잡초 제거와 꽃씨를 뿌려서 잘 가꾸고 있다. 쓰레기와 악취로 버려졌던 도심의 공간이 새롭게 탄생한다. 마을의 개선할 곳을 찾아 나선 대학생들과 지속적으로 관리한 주민의 협력이 돋보인 게릴라 가드닝이다.

마지정원 팀

서울 용산구 후암동은 남산자락에 형성된 지역으로 언덕을 따라 주택단지가 있다. 서울 중심지에 위치하고 아직도 옛날 모습이 남아 있는 곳이다. 환경적으로 낙후된 곳이기도 하다. 매일 아침에 같은 시간, 같은 장소에 만나는 사람들이지만 눈인사 한번 제대로 건네지 않는다. 요즘 사람들은 하루를 바쁘게 시작하고 여유 없이 피곤하게 마무리한다. 삭막한 도심에서 살면서 운명적으로 '게릴라 가드닝' 공모전을 접한다. 게릴라 가드닝 공모전에 참여하기 위해서 참가자 모집 광고를 만들어 붙였다. 모집 광고에 참여한 사람은 직장인 3명, 주부 2명, 초등학생 2명이다. 참가자들은 호기심 반 기대 반으로 모였다. 게릴라 가드닝 장소는 후암초등학교 정문 앞이며 남산 소월로로 오르는 엘리베이터 앞이다. 이용 대상자는 강남, 시청 방향으로 출퇴근하는 사람, 남산공원에서 운동하는 사람, 후암초등학교 학생들이다.

정원을 만들기 위해서 첫 모임을 열어 정원 가꾸기 계획을 세운다. 작업은 주로 저녁 시간을 이용해 진행한다. 주요 작업은 잡초 제거하기, 땅 고르기, 거름 넣기와 같은 것이다. 공간이 정리된 후에 계획한 정원 디자인에 맞게 꽃과 식물을 구매해 심는다. 꽃을 심고 난 후에 멀칭과 물관리를 한다. 게릴라 가드닝의 정원 이름은 '마지정원'이다. 하루를 시작하는 사람들, 마무리하는 사람들 모두에게 '수고했다'고 마음 쓰다듬어 줄 수 있기를 바란다. 정원이 완성된 이후 지나는 사람마다 감탄한다. 예쁘다고 소리친다. 어떤 사람은 한참을 들여다본다. 향후 게릴라 가드닝에 참여하고 싶은 사람이 4명이나 됐다. 마지정원 표지판에는 다음과 같은 글귀가 있다.

'난 늘 응원해. 수고했어, 오늘도!'

– Made by 후암동 꽃수다 –

꽃자리 팀

김해 '꽃자리' 팀은 생활문화 가드닝 동호회 회원들이다. 초등학교 앞에 쓰레기로 버려진 자투리땅을 게릴라 가드닝 대상지로 선정했다. 회원들은 대상지의 실제 크기와 심고 가꾸는 식물을 기획한다. 우선 작은 벽돌로 테두리 경계석을 놓았다. 경계석으로 놓을 벽돌을 자가용에 싣고 와서 정원 기초를 만들었다. 조성된 정원에 심고자 하는 꽃을 정원 디자인한 적당한 장소에 심는다. 담장 앞에는 지게차 운반용 나무 패널을 세워놓아 울타리를 만든다. 꽃을 심어놓은 정원에 '2017년 게릴라 가드닝 공모전'이라는 작은 현수막을 걸어 놓는다. 조성된 정원 옆을 지나는 주민들의 반응은 다양하다. '이렇게 예쁜 꽃을 누가 심어놓았지?', '깨끗하고 악취도 없고 정말 보기 좋네', '수고가 많습니다' 등의 말을 건네기도 한다.

느루지기 팀

'느루지기' 팀은 '환경설계를 통한 범죄예방 디자인 기법CPTED'과 '원예활동으로 식물이 인간에게 주는 정서적 영향Gardening' 개념을 활용한다. 범죄의 사각지대에 놓여있는 공간에 게릴라 가드닝을 실시한다. 낮과 밤, 언제나 밝고 아름다운 공간으로 변모시켜 범죄를 예방하는 컨셉이다. 낮에는 생화 해맞이꽃으로 밤에는 함석판과 야광도료로 달맞이꽃을 만들었다. 낮과 밤에 언제나 꽃을 볼 수 있는 화분을 만들었다. 달맞이꽃은 꽃 모양 도안을 함석에 붙이고 가위로 자른다. 꽃잎 끝부분을 눌러서 실제 꽃 모양으로 한다. 완성된 꽃잎에 야광도료를 칠한다. 어두운 밤에는 달맞이꽃이 빛을 발한다. 화분은 흙은 채운 뒤 지지대를 꽂는다. 화분에는 생화와 넝쿨식물을 심는다. 달맞이꽃을 일정한 간격으로 지지대에 묶는다. 넝쿨식물이 지지대를 감고 자랄 수 있도록 한다. 낮에는 생화 해맞이 꽃이 보인다. 깜깜한 밤에는 야광인 달맞이꽃을 볼 수 있다. 준비된 화분 6개를 어둡고, 빛이 필요한 곳에 설치해 놓는다. 시각적으로 아름답고 가로등이 없는 어두운 곳을 밝혀주어 늦은 밤의 위험을 덜어준다. 게릴라 가드닝을 통해서 정원이 설치된 곳은 분위기가 달라짐을 느낀다.

2017년 게릴라 가드닝에 참가한 35개 팀 중에 총 6개 팀에게 시상했다. 수상자에게는 상장과 상금이 주어진다. 2017년 게릴라 가드닝 공모전에서는 김해의 도시농업인으로 구성된 '꽃자리' 팀이 최우수상으로 선정됐다.

김해의 도시농부들이 농림수산식품교육문화정보원이 주관한 '2017 게릴라 가드닝' 공모전에서 최우수상을 수상했다. 김해시농업기술센터가 배출한 도시농부 양성과정 수강생들이 결성한 가드닝 동호회 '꽃자리'^{대표 옥성표, 47}는 김해 대성동고분군 입구에 쓰레기 투기장으로 전락한 자투리땅을 도심 꽃밭으로 변모시킨 노력들이 인정돼 지난 11일 열린 '2017 게릴라 가드닝' 공모전 시상식에서 최고상인 농림축산식품부장관상과 100만 원의 상금을 받았다.

– 김해 가드닝 동호회 '꽃자리', 〈경남신문〉, 2017.08.17. –

도시농업은 안전한 먹거리 생산에 그치지 않는다. 도시 미관을 가꾸고 이웃 주민들과 소통하고 교류하는 수단이다. 도시농업을 통해서 상대방에게 격려와 위로를 준다. 삭막한 도시에 혼자가 아닌 함께 살아가는 즐거움을 준다.

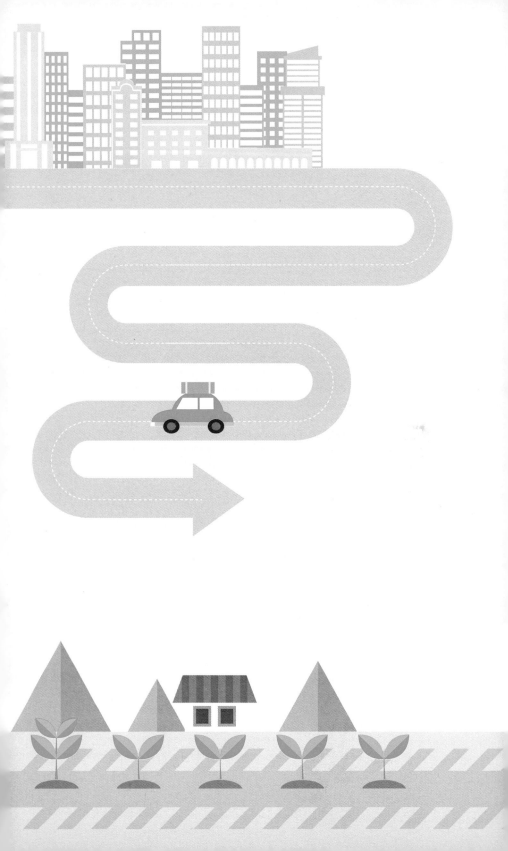

제 **4** 장

도시농업 확장하기

광교 논학교

2012년부터 가족과 함께 도시농업을 시작했다. 도시농업이라고 하면 주말농장을 생각하게 된다. 주말농장만 하려니 다소 흥미가 떨어졌다. 도시에서 텃밭농사 말고 논농사가 짓고 싶었다. 논농사에 관심을 갖고 인터넷에서 찾아보았다. 운 좋게 수원에 있는 '한살림경기남부생협 수원지부/수원텃밭보급소' 주관으로 논학교 모집요강을 발견해 접수했다. 총 15강 과정으로 이론과 실습을 함께하며 1년 동안 직접 벼농사를 짓는 과정이다. 논학교의 실제 실습은 광교에 있는 1,500평의 논이다. 논학교에 참가한 사람은 15명이다. 참여자는 요리사, 문화재발굴사, 회사원, 텃밭보급소 강사, 유치원 원장님과 같이 다양한 직업을 가졌다.

농촌지역에서 사랐기 때문에 논농사에 대해서는 어느 정도 알고 있었다. 하지만 체계적으로 배우고 싶었다. 농사방법은 완전히 옛날 방식으로 진행한다. 농기계를 사용하지 않고 농약이나 비료를 전혀 사용하지 않은 친환경 농업이다. 친환경적인 방법으로 농사를 짓는 것은 어려운 일이다. 많은 노동력과 관리가 필요하다. 친환경 논농사로 유명한 강대인 선생은 농사를 다음과 같이 말하고 있다.

> 무릇 농사란 하늘과 땅이 지어주는 것이라 했다. 사람이란 단지 자연의 이치에 따라 사는 자연의 심부름꾼과 같은 존재일 뿐이다.
>
> – 《강대인의 유기농 벼농사》, 강대인, 들녘, 2005년 –

못자리 만들기 _____

논학교 실습장에 못자리를 만들고 볍씨를 뿌린다. 요즘은 못자리를 만들지 않고 농협이나 육묘장에 모를 신청한다. 신청이 늦으면 받아주질 않는다. 못자리를 만들 곳에 괭이와 갈고리로 이랑을 만들어 평탄하게 골라준다. 이랑을 다 만들고 물이 빠지면 침전법으로 소독한 볍씨를 골고루 뿌려준다. 볍씨를 뿌리기 전에 물을 빼주어 씨를 뿌릴 때 떠내려가지 않도록 한다. 볍씨 종자는 자광벼, 흑미, 향미와 같은 3종류의 품종을 준비했다. 볍씨를 뿌린 후 터널을 만들어 부직포나 비닐을 덮어 보온해준다.

못자리를 만드는 중간에 소나기가 내렸다. 도시민들이라 산성비를 맞으면 안 된다고 여기저기서 아우성이다. 일단은 옆에 정자로 비를 피하기로 했다. 비를 피하면서 누군가가 새참으로 가져온 막걸리를 마셨다. 비 덕분에 잠시 휴식을 취했다. 비는 바로 그칠 기미가 보이지 않았다. 논학교 학생들은 오늘은 그만하고 가자고 한다. 하지만 오늘 못자리를 끝내야 하는 담당 선생님은 안 될 말이다. 그래서 빗줄기가 잦아들자 다시 논으로 들어가 못자리 작업을 마무리했다. 작업을 마쳤을 때는 이미 어둠이 깔려있었다. 논에서 힘들게 일하고 집에 돌아가려고 버스를 탔다. 버스로 집까지는 1시간 정도 걸린다. 버스 안은 광교산 등산객들로 매우 붐빈다. 누구는 힘들게 고생하며 농사짓고 오는데, 등산 다녀오는 사람이 조금 부럽기도 하다. 같은 도시에 살면서도 누구는 등산 다니고 누구는 논에서 일하고 오는 것이 재밌기도 하다. 과연 논학교에 다니는 사람들은 무엇 때문에 주말에 쉬지도 않고 농사를 지을까? 잠시 생각에 잠겨본다.

미강 발효 퇴비 _____

　논학교 논에는 화학비료를 전혀 사용하지 않고 전통방식의 친환경 재배를 한다. 화학비료를 전혀 사용하지 않기 때문에 토양의 양분을 좋게 해야만 한다. 토양을 좋게 하는 방법으로 지렁이 활동을 왕성하게 해준다. 지렁이에게 영양분을 공급하기 위해 미강을 발효해서 논에 뿌려준다. 미강은 다른 말로 쌀겨다. 예전에 소여물 삶을 때 넣어 함께 끓여주던 것이다. 최근 미강은 다양한 재료로 사용하고 있다. 미강을 발효하기 위해 준비해야 할 것은 흙과 미강[11]이다. 여기에 물을 넣고 발효를 돕기 위해서 유용미생물과 균배양제를 함께 섞어서 7일간 발효시

커 논에 뿌려준다.

논 1,500평에 사용한 미강은 60kg이었다. 2주 후에 미강 발효 퇴비를 논에 뿌리기 위해 모였다. 발효된 미강 퇴비는 김이 모락모락 났다. 손으로 만져보니 뜨거웠다. 잘 발효된 미강 퇴비는 논에 골고루 뿌려주었다. 옛날에 비료가 없을 때는 이와 같이 퇴비를 직접 만들어 사용했다. 농사를 짓기 위해서는 많은 노하우가 필요하다. 비록 몸은 힘들고 피곤했지만 이번 논학교를 통해서 누구도 알려 주지 않은 새로운 지식을 얻을 수 있었다. 이러한 전통적인 방식의 농업기술이 자연과 인간에게 이로운 친환경 농법이다.

모내기 _____

인간은 언제부터 벼를 재배했을까? 궁금증이 생긴다. 논학교 참여자 중에 문화재발굴조사단에서 일하는 분이 계셨다. 그분이 문화재를 발굴하다 보면 식물의 열매나 탄화미를 발견하게 된다고 한다. 그것을 분석하기 위해서 벼 생육과정이 궁금해 이번 과정에 참여하게 됐다며 참여 동기를 밝혔다.

인간이 재배하는 벼의 기원은 대부분 탄화미 분석과 토기 제품에 남아 있는 벼 껍질의 흔적을 분석해 알아낸다. 중국의 장강 유역에서 발견된 벼 껍질인 왕겨는 9,000년에서 7,000년 전 것으로 추정된다. 인간이 재배하고 있는 벼는 계통학적으로 벼과Gramineaeeae, 벼아과Oryzoideae, 벼족Oryzeae, 벼속Oryza으로 분류된다. 한국을 비롯한 아시아지역에서 재배되고 있는 것은 벼속Oryza sativa이다. 재배 벼의 종류는 논벼와 밭벼로 구분하며, 수확 시기에 따라 조생종과 만생종으로 나눈다. 벼는 원래 수생종이어서 논에서 자란 벼가 밥맛이 좋고 수확량도 많다.

못자리 만든 지 한 달 반이 지났다. 이제는 모내기를 해야 한다. 모내기해야 할 논을 보니 말이 안 나온다. 따뜻한 온도와 영양분 때문에 잡초가 무성했다. 잡초가 많은 논에 모내기를 할 수 없다. 잡초를 모두 뽑고 난 다음 모내기를 해야 한다. 1,500평 되는 논의 잡초를 언제 다 뽑냐며 불만을 제기하는 사람들도 있다. 어떤 사람은 로터리로 한 번 갈자고 한다. 하지만 논학교 재배방식은 옛날 전통방식이라서 그렇게 할 수 없다고 한다. 그래서 학생들이 일제히 논으로 들어가서 맨손으로 잡초를 뽑기 시작했다. 뽑힌 잡초는 논두렁으로 옮겨 놓았다. 허리 한 번 펴지 못하고 잡초를 뽑아야 했다. 매일 농사를 짓지 않고 격주로 논농사를 짓다 보니 한번 모일 때 되도록 많은 일을 해야 했다. 오늘 작업량이 모내기까지다. 논에 풀을 뽑는 단순작업이었지만 너무 힘들었다. 손가락으로 풀을 움켜잡고 뽑아야 했다. 나중엔 잡초를 움켜줄 힘이 없었다. 손톱은 시커멓게 됐다. 너무 힘이 드니 누군가가 노동요를 부르기 시작했다. 노랫소리는 귀로 듣고 손은 부지런히 풀을 뽑고 있다. 아침 9시부터 시작된 잡초제거 작업은 오후 4시가 넘어서 끝났다. 잡초제거 작업이 끝날 때 우리 모두 함성을 질렀다. 아마 이것이 성취감일 것이다. 인간승리다. 넓은 논의 잡초를 맨손으로 다 뽑다니 정말 대단하다.

잠시 휴식을 취하고 난 다음 못줄을 띄워가면서 모내기를 했다. 못줄

띄울 때 '줄이요~' 소리는 정말 좋다. 작업량이 점점 줄어든다는 소리이기 때문이다. 모내기하면서도 노동요는 필수적이다. 여러 사람이 모이면 항상 재주가 뛰어난 사람이 있기 마련이다. 모내기 속도는 잡초제거 작업에 비하면 빨랐다. 10여 명이 일렬로 서서 모내기를 하니 2시간 정도 걸렸다. 모내기를 마치고 집에 돌아와 씻는데 손과 발에 검은색의 논 흙물이 들어서 아무리 때수건에 비누를 묻혀 씻어도 잘 지워지지 않는다. 검은색 논 흙물이 없어지는 데 1주일 이상 걸렸다.

백중 행사 _____

음력으로 7월 15일을 '백중百中'이라 한다. 백중에는 옛날부터 김매기 농사가 모두 끝나서 농부들이 호미를 씻어 두었는데 '호미씻이'라고도 한다. 백중을 기점으로 바쁜 농사일이 마무리되는 것이다. 또한, 과일과 채소가 많이 나와 100가지 농산물을 갖춰놓고 제를 올리는 풍습이 있다. 이날만큼은 머슴이 있는 집에서는 머슴에게 돈을 주고 하루를 쉬게 해준다. 광교 논학교는 농기계의 도움을 받지 않고 옛날 전통방식으로 힘들게 논농사를 짓고 있다. 논학교에서 백중 행사를 준비하고 있는데 참석 여부를 묻는 문자가 왔다. 처음 들어본 백중 행사라 무조건 참석한다고 했다.

백중 행사 당일 수박 한 덩이를 사서 아침 일찍 광교 논학교에 갔는데 벌써 몇몇 사람들이 와서 행사 준비하고 있었다. 그중에 눈에 띄는 것이 백숙을 끓이는 커다란 찜통이었다. 찜통 뚜껑을 열어보니 닭 7마리, 감초, 대추, 감자, 황기와 같은 약재를 넣고 끓이고 있었다. 논두렁에 돗자리를 깔고 앉아서 그동안의 논농사 이야기를 나누며 백숙이 익기를 기다렸다. 각자 준비해온 음식과 술을 먹으며 망중한을 보냈다. 약 1시간 이상 백숙을 삶은 것 같다. 맛있게 삶아진 백숙을 먹으며 이런저런 이야기를 나눴다. 한적한 논두렁에서 먹는 막걸리의 맛은 특별하다. 나이도 다르고 직업도 다른 사람들이 살아가는 인생 이야기는 재미있고 흥미롭다. 회사 사람들이 아닌 또 다른 사람들을 사귀고 알고 지낸다는 것은 정말 즐거운 일이다. 아무런 사심 없이 서로를 이해하고 배려한다. 처음으로 참여한 백중 행사는 너무 좋았고 삶의 재미를 듬뿍 안겨주었다.

벼 베기

드디어 벼 베기를 하는 날이 정해졌다. 논학교도 이제 마무리 단계다. 아침에는 일이 있어 가지 못했고 오후에 막걸리 2병을 사서 들고 광교 논학교로 갔다. 논학교 학생들은 오전 일을 마치고 점심을 먹은 뒤 쉬고 있었다. 벼 베기는 절반 정도 마친 상태였다. 낫을 들고 논으로 들어갔다. 몇 년 만에 벼를 베는지 모르겠다. 기억에 마지막으로 벼 베기를 한 것은 중학교 1학년 때였다. 그 이후로는 콤바인 가진 사람에게 부탁해서 콤바인 기계로 벼를 벴다. 30여 년 만에 낫으로 직접 벼 베기를 한 것이다. 너무나 감개무량했다. 중학교 때는 일하기 싫어서 도서관 간다고 하고 도망갔는데, 성인이 된 지금은 돈을 주면서 벼 베기 체험을 하고 있다. 누가 시키지 않았는데도 말이다. 처음엔 옛날의 기억을 되새기며 열심히 벼 베기를 했다. 1시간 정도 베고 나니 허리도 아프고 땀도 나고 힘이 들었다.

잠시 쉬는 시간에는 벼 베기를 그만하고 벼 탈곡하는 곳으로 갔다. 벼 베기를 하면 며칠간은 말려야 하는데 시간이 없는 도시농부들은 벼를 베어 바로 탈곡을 했다. 탈곡기는 아주 옛날에 쓰던 홀테_{곡식의 알곡을 터는 농기구}와 발로 밟아서 하는 탈곡기 2대가 있다. 먼저 홀테에 벼 이삭을 넣고 잡아당기자 낟알이 우수수 떨어진다. 박물관에서 보던 홀테로 벼 탈곡을 하고 있다. 발로 밟아서 하는 탈곡기는 홀테에 비하면 효율이 매우 높다. 한참을 발로 밟으며 하는 탈곡 작업은 정말 재미있었다. 탈곡된 낟알을 가마니에 담아 놓았다. 1,500평의 논에서 나온 양은 많지 않았다. 옛날 방식으로 벼를 재배하고 낫으로 벼를 베고 발로 밟아 탈곡한 체험은 정말 신기할 따름이다. 처음 한 것은 아니지만 너무 오랫동안 잊고 있었던 일들을 한 것이다.

수료식 _____

지난 4월부터 11월까지 논농사를 지었다. 도시에 살면서 논농사를 짓는다는 것은 정말 좋은 경험이다. 논학교 수료식은 당수동 시민농장에서 진행했다. 수료식에 앞서 각자 준비해온 농산물과 물건들을 가져와 아나바다_{아껴 쓰고, 나눠 쓰고, 바꿔 쓰고, 다시 쓰기} 장터도 열었다. 새끼 꼬기,

풍물놀이, ○X 퀴즈도 풀며 즐거운 시간을 보냈다. 논학교 경과보고와 성과를 학생대표가 발표했다. 그동안 전통방식으로 벼농사를 지으면서 많은 일을 했다. 더운 날씨에도 논에서 잡초를 제거하고 손모를 내고 낫으로 벼 베기와 탈곡을 했다. 도시에 살면서 논농사를 짓는다는 것은 정말 잊지 못할 경험이다. 직접 재배한 벼를 도정해 쌀을 5kg씩 받았다. 직접 재배한 쌀로 떡도 만들어 먹었다.

지난 1년 동안 논농사 체험은 힘은 들었지만 즐겁고 새로운 경험이었다. 어설프게 알았던 벼 생육과정과 논농사에 대해서 알아가는 좋은 시간이었다. 또한, 좋은 사람들을 만나서 소통하고 교류하는 것도 좋은 기회였다. 도시에서 벼농사를 짓는다는 것은 지금도 꿈만 같다. 논학교를 통해 얻는 쌀의 수확량은 크게 의미가 없다. 논농사를 도시에서 짓는 것만으로도 좋았고, 사람들과 서로 소통하며 교류하는 것도 정말 좋았다. 논농사 체험은 바쁜 일상생활과 매일매일 반복되는 무료하던 인생에 새로운 활력소가 됐다.

꿈틀 어린이 텃밭

〈꿈틀 어린이 선서〉

하나, 우리는 우리가 살아가는 데 꼭 필요한 먹을거리를 가꾸고
배우는 일에 열심을 다 하겠습니다.

하나, 우리는 농부들의 땀이 배어 있는 농산물을 늘 감사하게 생각
하면서 우리 농산물 소비에 앞장서겠습니다.

하나, 우리는 식물이 자라는 땅의 소중한 가치를 깨달음으로서
우리의 자연을 보호하고 생명텃밭 가꾸기 모범이 되겠습니다.

– 텃밭정원으로 떠나는 꿈틀 여행, 농림축산식품부, 2016.03.21. –

농림축산식품부는 2014년부터 '꿈틀 어린이 텃밭학교'를 운영했다.
농림축산식품부장관이 학교장이다. 미래 세대 주인공인 어린이들이 건
강한 텃밭에서 농작물을 심고 가꾼다. 텃밭 활동으로 꿈과 창의성, 생

명의 소중함, 올바른 인성을 갖도록 한다. 초등학생 50명이 가족 동반으로 참여한다. 운영 기간은 4월 중순부터 11월 말까지 한 회당 3시간씩 총 20회 교육 프로그램을 운영한다. 프로그램은 어린이들이 가족과 함께 스스로 참여하도록 한다. 텃밭을 디자인하고, 작물을 선택해 심고 가꾼다. 컨셉은 첫째, 'Fun-Food-Festival'이 있는 즐거운 텃밭학교다. 둘째, 생태와 창의와 인성이 자라는 텃밭학교다. 셋째, 치유, 힐링, 잘못된 식습관을 바로 잡아주는 텃밭학교다. 넷째, 행복한 가족을 중시하는 가치 실현 텃밭학교다.

입학식

꿈틀 어린이 텃밭학교의 첫날은 입학식이다. 텃밭학교는 상추반, 당근반, 토마토반, 가지반 4개 반으로 구성됐다. 입학식은 오전 11시에 사회자의 안내로 시작한다. 교장 선생님이신 농림축산식품부장관이 기념 축사를 한다. 축사 이후에는 참여 어린이 대표 2명이 '꿈틀 어린이 선서'를 하며 각오를 다짐한다. 선서가 끝나면 입학식에 참여자 모두 '텃밭 꼬마 친구들' 노래를 율동과 함께 신나게 부른다. 노래가 끝나면 무대 행사를 마치고 텃밭으로 이동한다. 꿈틀 어린이 텃밭 디자인은 색다르게 한다. 일반적인 텃밭은 사각형이다. 꿈틀학교 텃밭은 '★형, ◀형, ♥형, ●형'과 같은 모양으로 창의성을 키운다. 특이한 모양의 개성 있는 텃밭은 작물의 재배 면적이 줄어든다. 농산물의 수확량보다는 참여활동에 큰 의미를 둔다. 텃밭 모양이 정해지면 각자의 텃밭에 모종을 옮겨 심는다. 모종은 잎채소, 열매채소, 허브류, 꽃과 같이 다양한 작물을 심는다. 모종을 심을 때 선생님이 먼저 설명과 시범을 보인다. 선생님의 시범을 유심히 본 후에 어린이들은 실제로 모종 심기를 한다. 모종을 심은 후에 맛있는 비빔밥을 먹는다. 채소를 손으로 뚝뚝 뜯어서 넣고 고추장을 넣어 잘 비빈 비빔밥은 정말 맛있다.

꿈틀텃밭 관리 _____

꿈틀학교에서 '꿈틀'은 꿈을 담는 그릇이란 뜻이다. 또 다른 뜻은 땅속의 거름을 만들어주는 지렁이라는 뜻이기도 하다. 지렁이는 땅속에서 꿈틀꿈틀한다. 지렁이는 보기에는 징그럽고 만지면 미끌미끌해 기분이 이상하다. 그래도 아이들은 지렁이를 만지며 좋아한다. 텃밭 한쪽에 지렁이 상자를 만들어 지렁이를 계속 관찰한다. 지렁이 관찰이 끝나면 텃밭 요리 시간이다. 요리는 텃밭에서 직접 생산한 농작물을 주로 이용한다. 아이들이 가장 손쉽게 만들 수 있는 것이 샌드위치다. 샌드위치는 빵을 가르기도 재미있고, 빵 사이에 갓 수확한 채소를 차곡차곡 넣는 과정도 즐겁다. 샌드위치를 만들다 보면 먹고 싶지만 꾹 참고 만든다. 다 만들어진 샌드위치를 들고 부모님에게 달려간다. 부모님께 직접 만든 샌드위치를 보여주고 자랑한다. 부모님의 칭찬과 함께 맛있게 온 가족이 샌드위치를 먹는다.

친환경 재배방법으로 텃밭을 관리하다 보니 진딧물과 병해충이 자주 발생한다. 병해충 방제와 퇴치를 위해 난황유를 사용한다. 난황유는 도시농업인에게는 인기가 좋은 친환경 농자재다. 난황유는 식용유와 계란만 있으면 만들 수 있다. 먼저 노른자만 넣고 2~3분 동안 믹서로 돌린 뒤에 식용유 60㎖를 넣고 다시 3~5분 섞는다. 만들어진 난황유는 물과 희석해 분무기로 채소 잎에 뿌려주면 된다. 진딧물이 많은 부위에 난황유를 뿌려주면 진딧물을 제거할 수 있다.

텃논 가꾸기

꿈틀텃밭에서도 모내기를 해 벼의 생육과정을 관찰한다. 삼각형 모양의 텃밭에 논을 만든다. 텃논은 깊이 30cm를 파내 비닐을 깔고 흙을 비닐 위에 채운다. 비닐을 까는 이유는 물 빠짐을 방지하기 위해서다. 비닐 위에 흙을 20cm 정도 넣은 뒤에 물을 채운다. 물을 채운 다음 텃논으로 들어가서 흙을 골고루 골라준다. 모내기할 때 너무 깊이 심거나 발로 비닐이 찢어지지 않도록 한다. 텃논에 어린이들이 직접 손으로 모내기를 한다. 도시에서 처음으로 심어보는 모내기다. 가을까지 잘 자랄 수 있을까 걱정이 되기도 하지만 시간이 흐르면 벼는 무럭무럭 잘 자란다. 벼가 자라고 있는 텃논에는 개울가에서 잡아 온 올챙이와 물방개를 잡아 넣어 주기도 한다.

텃밭 요리대회 _____

　텃밭에 심어 놓은 감자는 가장 먼저 수확하는 작물이다. 선생님이 감자 캐는 방법을 설명한다. 먼저 감자 잎과 줄기를 손으로 잡아 뽑는다. 이랑 속에 숨어있는 감자가 다치지 않도록 호미로 조심히 캔다. 아이들은 유물을 발견하기라도 하듯이 신중하게 감자를 캔다. 도중에 커다란 감자가 나올 때면 함성을 지르면 좋아한다. 직접 수확한 감자는 아이들에게 선물로 준다. 수확한 감자를 텃밭에서 삶아 먹거나 특별한 감자요리를 해서 함께 먹는다. 감자 수확이 끝나면 토마토, 오이와 같은 열매채소도 수확해 나눠 갖는다. 텃밭의 작물이 어느 정도 크면 텃밭에서 요리경연대회를 한다. 어린이들이 직접 심고 가꾼 농산물 재료를 활용해 맛있는 요리를 만든다. 현장에서 심사위원이 바로 심사해 맛있고 창의적인 요리를 선정한다. 텃밭 회원들 간의 텃밭 장기자랑도 재미있다. 가족이 나와서 노래를 부르고 춤을 추며 즐거운 시간을 갖는다.

김장 배추 심기 _____

　여름에는 꿈틀텃밭도 방학이다. 7월 중순부터 8월 중순까지 여름방학을 한다. 실은 여름휴가와 무더위에 텃밭을 가꾸기엔 어렵다. 텃밭은 휴가지만 꿈틀텃밭 선생님들은 나오셔서 작물관리를 한다. 휴가를 마치고 텃밭에 나오면 무성한 잡초를 보고 놀랄 것이다. 그동안 텃밭관리를 하지 않은 탓이다. 무성한 잡초를 제거한 후에 김장 배추를 심는다.

씨앗을 파종한 지 3주가 지나면 배추 모종을 옮겨 심는다. 모종을 옮겨 심을 때는 먼저 모종삽으로 구멍을 파고 물을 충분히 준 다음 배추 모종을 심는다. 배추는 씨 뿌린 지 90일이면 수확을 할 수 있다. 첫서리가 내리는 11월이면 배추를 수확한다. 한 포기에 3kg 이상 되는 배추를 뽑으며 마냥 즐거워한다. 텃밭에서 수확한 배추는 겉절이와 배추전으로 잔치를 벌인다. 노릇노릇하게 잘 익은 배추전은 아이들과 어른들 모두 좋아한다. 배추는 겨울철에 비타민 C를 공급해준다. 무는 소화를 도와주며 식이섬유가 풍부하다.

벼 수확

텃논을 만들기 위해 많은 노력과 땀을 흘렸다. 텃논에 모를 심고 물을 주며 가꾸었다. 텃논에서 벼 베기는 꿈틀 가족에게는 남다른 추억이다. 어린이들은 수확한 벼를 한 줌씩 들고 기념사진을 찍는다. 수확한 벼는 볏단을 만들어 세워 놓았다. 벼 수확량은 많지 않지만 꿈틀 가족에게는 소중하고 아름다운 추억이다. 우리가 매일 먹는 쌀밥의 원재료인 벼를 도시에서 재배하는 것은 즐겁고 신나는 체험이다.

졸업식 _____

꿈틀텃밭학교 졸업식이다. 교장 선생님인 농림축산품부장관이 졸업식에 참석해 농업의 소중함과 그동안 텃밭 활동을 격려한다. 졸업식은 1, 2부로 나눠 진행한다. 1부에서는 꿈틀텃밭에 참여한 어린들에게 졸업장과 우수상을 수여한다. 2부에서는 신나는 음악공연과 맛있는 음식을 먹으며 그동안의 재미있었던 활동을 이야기한다. 그동안 텃밭 활동을 하면서 만들었던 작품집, 글짓기, 그림과 같은 결과물을 전시한다. 꿈틀텃밭 프로그램에 한 번도 빠지지 않은 어린이에게는 특별히 개근상을 수여한다. 지난 1년 동안 함께 텃밭을 가꾸고 사귀었던 친구들과 어울리며 즐거운 시간을 보낸다.

꿈틀텃밭학교가 주는 변화 _____

5월부터 11월까지 진행된 꿈틀텃밭학교를 통해서 참여자 가족에게는 많은 변화가 있다. 첫째, 바쁘게 살아가는 현대인의 일상생활 속에서 가족 간 대화는 항상 부족하다. 텃밭에서 작물을 가꾸면서 자연스럽게 가족 중심 대화를 나눈다. 가족 간 대화를 통해 더욱 친근해진다. 둘째, 도시에서 이웃과 친하게 지내기란 쉽지 않다. 같은 또래의 어린이들이 모여 텃밭을 가꾸고 활동하다 보니 자연스럽게 부모들도 친구가 된다. 텃밭을 매개로 가까운 이웃이 됐다. 셋째, 자연의 시간에 맞춰서 씨앗을 뿌리고 시간이 지나가면 농작물을 수확한다. 작물을 키우며 땀을 흘리고, 농업에 대해서 깊은 생각을 한다. 넷째, 패스트푸드나 인스턴트 음식을 좋아하던 어린이들이 점점 늘어난다. '세 살 때 입맛이 여든까지 간다'는 말이 있다. 꿈틀텃밭 활동 후에 텃밭 요리시간이 중요하다. 반찬 투정을 하며 채소를 거부하던 어린이들이 스스로 채소를 먹게 되는 식생활로 변했다. 다섯째, 자연과 함께한다면 어린이들의 인성이 향상된다. 나보다는 상대방을 먼저 배려하는 맘이 생긴다. 자연과 함께 공감하며 살아가는 방법을 습득한다.

꿈틀 어린이 텃밭 모델은 전국적으로 확산돼 시행하고 있다. 각 지자체의 관심이 있는 시장이나 구청장이 꿈틀 어린이 텃밭 교장이 된다. 1년 동안 꿈틀 어린이 텃밭을 통해서 많은 것을 보고 체험 활동을 한다. 어려서부터 텃밭 체험 활동을 통해서 농업의 소중함과 자연의 감사함을 배우며 인생을 살아가는 데 중요한 기본 요인으로 작용할 것으로 기대한다.

꽃밥상 공동텃밭

팜 파티란 농장을 뜻하는 팜Farm과 파티Party의 합성어로 농가에서 소비자를 초대해 먹을거리 및 농산물을 판매하고 공연, 체험 등을 여는 행사를 말한다. 불특정인을 대상으로 먹을거리, 영농 등 체험 위주로 이뤄진 기존의 농촌 관광과 달리 고등학생, 대학생, 직장인, 실버세대 등 그룹별 특성에 맞는 관광이 이뤄진다. 농림축산식품부는 2016년 11월 농촌 관광 상품 다양화를 위한 팜 파티 시범 운영을 시작했으며 팜 파티를 2017년 MICE 산업 상품으로 개발, 육성한다는 계획을 밝힌 바 있다.

– 팜 파티 시사상식사전, 박문각NAVER 지식백과 –

도시에서 농사를 짓기는 쉽지 않다. 비싼 땅에 농사를 짓는다면 비웃을 수도 있다. 최근 농림축산식품부나 각 지자체가 주말농장 조성을 확대한다. 조성 부지는 국유림의 버려진 땅이나 도시공원인 경우가 많다. 필자는 주말농장을 처음 시작할 때 일반 농가에게 10평에 10만 원을 주고 빌렸다. 다음 해에는 친환경 생태단체가 운영하는 텃밭에서 했다. 3년 차부터는 농업기술센터에서 운영하는 시민농장에서 했다. 농업기술센터에서 운영하는 주말농장은 10평에 3만 원으로 가격이 저렴하다. 하지만 경쟁률은 치열하다. 경쟁률은 높았으나 휴게시설이나 수도시설과 같은 인프라가 잘돼 있다. 처음 주말농장을 시작하는 시민 대상으로 작물 심는 법과 텃밭관리법에 대해서 교육도 지원해준다.

시민들이 즐길 수 있는 문화공연도 진행한다. 계절에 맞는 농산물로 셰프가 직접 하는 요리는 인기가 많다. 5월 감자가 나오는 철이면 감자를 재료로 하는 요리법을 알려준다. 7월 옥수수가 나오면 옥수수를 이용한 요리가 진행된다. 텃밭에서 직접 만드는 방법을 가르쳐주고 함께 맛있게 나눠 먹는다. 이런 팜 파티는 공연과 함께한다. 음악이 흐르고 맛있는 음식을 먹으며 이웃 텃밭 사람들과 즐거운 이야기꽃을 피운다. 주말농장에서 입과 마음이 행복한 주말 오후를 보낸다. 도시농업을 하면서 갖는 또 하나의 즐거움이다.

도시농업을 하는 단계가 있다. 처음에는 아이들의 자연 체험을 위해서 가족들과 함께 시작한다. 주위 텃밭에는 관심이 없다. 오직 내 텃밭만 가꾼다. 두 번째 단계는 시간이 흐르다 보면 주위의 사람들과 인사를 하고 소통한다. 텃밭에서 생산한 농산물을 나눠주고 받는다. 기회가 되면 같이 식사도 하며 친구가 되고 함께 어울린다. 바쁜 도시생활에서 일주일에 한 번 텃밭에서 만나서 자녀교육, 취미 활동, 고향과 같은 다양한 삶의 이야기를 나눈다. 예전에 알고 지내던 사람처럼 친한 사이가 된다. 도시농업의 마지막 단계는 공동텃밭을 함께하는 것이다. 혼자 짓는 텃밭농사와는 또다른 즐거움이 있다.

공동텃밭 첫 모임 _____

칠보산마을연구소에서 마을 만들기 활동을 했다. 마을을 둘러보고 미진한 부분을 찾아 개선한다. 마을 만들기 활동에 참여하다 보니 마을 사람들과 친하게 지내게 됐다. 친하게 지낸 마을 사람들과 공동텃밭을 가꾸었다. 칠보산 도토리시민농장에서 30여 평의 텃밭을 분양받아 함께 작물을 키운다. 공통텃밭은 여섯 가족이 참여했다. 텃밭 가꾸기와 함께 매월 제철 농산물로 요리해 먹고 소통한다. 맛있는 음식을 나누면 회원 간의 친분이 돈독해진다. 공동텃밭의 이름은 '꽃밥상'이다. 꽃밥상 텃밭운영은 연 6회의 텃밭 활동 이벤트를 진행한다.

첫 모임을 공동텃밭에서 가졌다. 텃밭에 심을 작물을 계획하고 활동 내용을 의논했다. 텃밭에 감국 국화품목을 심기로 했다. 나중에 국화꽃을 이용해 술을 담거나 국화차를 만든다. 만들어진 국화꽃 술은 소비자에게 판매할 계획도 세웠다. 다양한 쌈채소, 허브, 여주, 오이 같은 다양한 종류의 작물을 심어 요리할 때 이용한다. 텃밭운영에 대한 계획을 세운 뒤에 남자들은 텃밭에 거름을 뿌리고 삽으로 땅을 파서 뒤집었다.

여자들은 텃밭 주위의 파릇파릇 돋아난 쑥을 캐서 부침개 재료를 준비한다. 텃밭 정리가 마무리된 후 모두 모여 쑥으로 전을 부쳐서 먹었다. 각자 준비해온 음식에 막걸리를 더해서 진수성찬의 팜 파티를 연다.

일주일 뒤에 주문한 감국이 도착했다. 회원들이 모여 텃밭에 옮겨 심는다. 텃밭에 심은 쌈채소가 많이 자랐다. 텃밭 작업을 마치고 바비큐 파티를 한다. 농장에서 숯불에 고기를 구워 상추에 싸서 먹는 맛은 일품이다. 회원 가족과 밤늦도록 바비큐 파티가 계속된다. 아이들은 배가 부르니 텃밭을 뛰어다니며 술래잡기를 한다. 어른들은 공동텃밭에서 생산된 농산물의 활용방안에 대해 의견을 나눈다. 친환경 재배방법으로 생산된 농산물을 소비자들에게 판매해 수익을 올리면 좋겠다는 의견이 많았다. 농산물 판매로 얻은 수익금은 마을 만들기에 쓰일 것이다.

수세미 효소 만들기 _____

매년 가을이면 어머니가 수세미 효소와 수세미 수액을 담아주곤 하신다. 비염 때문에 힘들어하는 아들을 위해 매년 준비해주셨다. 공동텃밭을 하면서 수세미 효소를 직접 만들어보고 싶었다. 공동텃밭에서 무럭무럭 자란 수세미를 수확했다. 수확한 수세미는 효소로 담는다. 커다란 수세미를 깨끗이 씻어 물기를 말린 후 칼로 썰어 설탕과 섞어서 큰 항아리에 담는다. 잘 섞인 수세미를 항아리에 넣고 45일이 지난 뒤 수세미를 거른다. 걸러진 원액은 유리병에 담아 보관한다. 수세미 효소는 기침에 좋다. 알레르기성 비염에 좋고, 피를 맑게 하며, 피부 노화 방지에 좋다. 회원이 함께 만든 효소는 나눠 갖는다. 실제로 수세미 효소는 비싼 가격에 판매되고 있다. 공동텃밭은 회원들이 필요로 하는 작물을 심고 수확해 활용한다. 혼자 재배하거나 만들기 힘든 가공품을 함께 만든다. 농산물 가공품을 만들기 위해 직접 키우고 관리해 애착이 더 간다.

농촌과 도시가 공존하는 칠보산마을

> 로컬푸드 운동이란 지역에서 생산된 농산물을 지역에서 소비한다는 개념이다. 로컬푸드는 보통 장거리 운송을 거치지 않은 반경 50km 이내에서 생산된 지역농산물을 일컫는다. 농산물 이동 거리가 줄어들면 영양 및 신선도가 유지되는 장점이 있다. 최근 소비자의 안전 먹거리에 대한 관심과 의식이 높아지면서 로컬푸드가 각광받고 있다.
> – '로컬푸드 직매장 도농상생 열어', 〈한국경제〉, 2014.12.04. –

칠보산마을은 농촌과 도시가 공존하는 곳이다. 칠보산 부근에는 농사를 지을 수 있는 논과 밭이 많다. 인근 도심에는 대단지 아파트가 있다. 아파트 사람들에게 이곳에서 생산되는 지역농산물을 공급한다. 이것이 로컬푸드다. 이곳 칠보산마을이 로컬푸드에 적당한 지역이다. 농산물 로컬푸드를 하기 위해선 몇 가지 조건이 있다. 공동텃밭 꽃밥상에서 생산된 농산물로는 한계가 있다. 이곳 지역에서 생산하는 농산물 품목과 생산량을 조사해야 한다. 농산물 생산량이 충분해야 수요자에게 공급할 수 있다. 수요자는 많은데 공급 물량이 부족하면 장기간 운영이 힘들다.

지금 당장은 가게를 얻을 수 없으니 임시방편으로 마을연구소 사무실을 활용한다. 농업인은 농산물을 수확해 마을연구소 사무실에 가져다 놓으면 소비자는 퇴근길에 들러서 가져간다. 좀 더 발전하면 소비자가 필요한 농산물을 신청하면 농업인이 오후에 수확해 마을연구소 사무실에 갖다 놓는다. 소비자는 퇴근길에 들러서 가져가면 된다. 로컬푸드가 활발하게 되면 농업인은 농산물 판로가 해결된다. 소비자는 마트에 농산물을 사러 가지 않고 싱싱한 채소를 매일 얻을 수 있다. 농업인과 소비자가 모두에게 이익이 되는 좋은 모델이 될 것이다.

이것이 공동텃밭을 추진하는 취지다. 칠보산마을이 발전하는 방안이다. 실제로 칠보산마을연구소는 다음 해에 '꽃밥상'이라는 반찬가게를 차렸다. 꽃밥상 반찬가게를 통해서 로컬푸드를 운영하기도 했다. 사업은 여러 가지 이유로 성공하지 못해 아쉬움을 남겼다.

동네에 마음이 맞는 사람들끼리 공동텃밭을 얻어서 함께 텃밭을 가꾸고 음식을 나눈다. 텃밭을 매개로 이웃 간 교류와 친목을 다진다. 공동체 텃밭을 하면서 아이들에게 자연과 농사의 소중함을 체험하게 한다. 미래 세대에게 농업의 소중함과 가치 경험이 필요하다. 공동텃밭이 활발해지면 지역 사회가 발전한다. 삭막한 도시에서 농업인과 소비자가 함께 공존하며 살아간다. 현재 전국에서 활동 중인 도시농업 공동체는 246곳 정도다. 도시농업이 많을수록 농업과 농촌이 발전하고 즐거운 세상이 될 것이다.

학교텃밭

이것은 무엇~일까요?

이것은 몸에 둥근 고리 모양이 있는 환형동물입니다.

이것은 공룡시대부터 지구에 살았습니다.

이것은 땅을 부드럽게 해주고 그 똥은 땅에게 좋은 영양분이 됩니다.

이것은 피부로 숨을 쉽니다.

이것은 알주머니를 낳고 알주머니에서 새끼가 나옵니다.

정답은? 바로바로 '지렁이'입니다.

― 〈학교텃밭에서 즐겁게 철드는 아이들〉, 박정자, 경기농림진흥재단 ―

　학교텃밭을 운영하는 선생님이 아이들에게 수업 주제를 말하기 전에 궁금증을 유발하기 위한 질문과 답이다. 일주일에 한 번 텃밭학교 수업을 진행한다. 텃밭학교 수업은 학사운영에 맞춰서 정규수업 시간에 배정한다. 운영은 1학기에 15회, 2학기에 15회로 총 30회 텃밭교육을 실시한다. 텃밭 강사는 도시농업 전문교육과정을 이수한 사람이나 도시농업관리사 자격증을 취득한 전문가가 담당한다. 도시농업관리사 자격증은 2017년부터 농림축산식품부에서 발급하는 도시농업 전문자격증이다. 학교텃밭을 운영하고자 하면 지원사업에 신청한다. 학교텃밭 지원은 교육부와 농식품부에서 협력 지원하고 있다.

바쁜 아이들 _____

　요즘 학생들은 안쓰럽다. 방과 후에 피아노, 태권도, 영어, 수학 학원으로 학원순례를 한다. 집에 들어오면 방에 들어가 스마트폰과 씨름을 한다. 잠시도 손과 머리가 쉬는 시간이 없다. 저녁밥 먹고 TV 보고 스마트폰 하다 잠을 잔다. 다음 날 아침 무거운 책가방을 메고 학교에 간다. 다시 방과 후 어제와 같은 시간이 되풀이된다. 가장 큰 문제는 스마트폰 중독이다. 필자도 아이들과 스마트폰 때문에 실랑이를 한 적이 많다. 아이들을 꾸짖고 큰소리가 나는 경우는 대부분 스마트폰 때문이다. 극단적인 방법으로 스마트폰을 빼앗고 사용을 중지시킨다. 스마트폰 사용 시간을 하루 1시간 또는 2시간으로 정해놓기도 한다. 요즘엔 초등학교 학생도 스마트폰을 대다수 갖고 있다. 스마트폰 때문에 학교생활에 문제가 발생한다. 그래서 학교에 오면 스마트폰을 사용하지 못하도록 한다. 스마트폰에 빠진 아이들과 대화 시간이 매우 적다. 이것이 시대의 흐름일 수 있다. 예전의 아날로그적인 삶의 방식과 현대의 삶이

다르기 때문이다. 요즘은 스마트폰이 없으면 불안하다. 주기적으로 스마트폰을 쳐다본다. 공부에 집중하기 힘들다.

학교텃밭 활동 수업 _____

학교에서 텃밭 가꾸기가 유행처럼 퍼지고 있다. 학교텃밭은 담당 선생님의 부지런함과 교장 선생님의 적극적인 지원이 필요하다. 땀 흘리며 텃밭 활동 수업을 이끌어가기란 쉽지가 않다. 운영하는 선생님의 확고한 의지가 있어야 한다. 텃밭에서 즐겁게 작물을 키우는 아이들을 생각하면 전혀 힘들지 않다. 텃밭을 가꿀 때 작물을 심고 매일 물만 주는 것은 아니다. 작물을 심고 가꾸면서 재미있는 이야기와 작물 재배관리 기술을 배운다. 전문적으로 도시농업을 배우지 않고 학교텃밭을 운영하기는 쉽지 않다. 학교텃밭을 운영하기 위해 외부 교육청이나 농업기술센터에 신청하면 전문강사 파견을 지원한다. 전문강사 파견에 따른 학교텃밭 수업은 더욱 재밌고 알차다. 텃밭에서 작물도 키우고 수확한 농산물로 요리, 놀이, 체험과 같은 다양한 프로그램도 함께 진행한다.

학교텃밭을 진행하기 위해서는 텃밭이 있어야 한다. 최근 새로 짓는 학교는 옥상텃밭이나 일부 공간을 할애해 텃밭을 조성한다. 텃밭 조성이 어려운 경우에는 상자텃밭을 이용하는 것도 좋은 방법이다. 텃밭이 준비됐으면 운영에 참여할 반을 선정한다. 선정된 반에서는 매주 주어진 시간에 텃밭 활동을 한다. 안정적으로 텃밭을 관리하기 위해서 학부모가 함께 참여하기도 한다. 학교텃밭 운영은 전문강사가 주체적으로 맡아서 진행한다. 학생들은 도시농업 전문강사의 수업에 참여해 작물을 재배한다. 일방적으로 전문강사가 진행하는 것도 좋지만 학생들이 주도적으로 참여해 진행하는 것이 좋다. 실제 사례로는 텃밭 요리, 학교텃밭 축제, 관찰탐구 보고대회, 글짓기 및 그리기 대회, 텃밭 골든벨, 수확 체험, 생태환경 프로그램과 같이 다양하다.

일주일에 한 번 학교텃밭에서 수업을 통해서 작물을 키운다. 작물에 대한 관심은 수업 시간뿐만이 아니다. 아침 일찍 학교 갈 때 텃밭을 지나면서 작물 상태를 관찰한다. 시들지는 않았는지 벌레들은 없는지 유심히 관찰한다. 어느 날 문득 꽃이 피고 열매가 열리면 더욱 관심이 높아진다. 멀리서 볼 때는 보이지 않던 애벌레도 자세히 보면 보인다. 야금야금 잎을 갉아먹는 애벌레를 잡아서 한참을 관찰한다. 식물이 자라는 과정과 열매가 열리는 과정을 자연스럽게 습득한다. 사랑스럽게 보살피면 그에 부응하는 대가로 보답해주는 자연 원리도 알아간다.

텃밭 요리 체험

학교텃밭 수업을 하면서 아이들이 좋아하는 것은 텃밭 요리다. 텃밭에서 수확하는 제철 농산물을 재료로 만드는 요리 체험은 인기가 최고다. 된장만 있으면 상추쌈도 맛있다. 여러 가지 색깔의 피망도 좋은 요리재료다. 텃밭에서 수확한 배추로 배추전을 만들어 먹기도 한다. 집에서 엄마가 해준 것만 먹던 아이가 직접 프라이팬에 기름을 두르고 배추전을 만든다. 배추전을 반대편으로 뒤집을 때는 긴장한다. 무사히 잘 뒤집으면 지켜보던 아이들의 함성에 의기양양해진다. 요리뿐만 아니라 텃밭에서 갓 수확한 오이를 옷에 쓱쓱 닦아서 한 입 베어 먹는다. 반찬으로 해놓은 오이무침은 먹지 않던 친구도 바로 수확한 오이는 맛있게 먹는다. 내가 직접 심고 가꾸며 자라는 과정을 지켜보고 정성을 들여 키웠기 때문에 맛있게 먹는다. 자라는 미래 세대들의 식습관은 매우 중요하다. 인스턴트 식품과 유해물질이 난무한 요즘에 안전한 농산물로 만들어진 음식을 먹는 것은 매우 중요하다. 어릴 적의 식습관이 평생 건강을 좌우한다.

현대인은 너무 바쁘게 살아간다. 학생들도 바쁘다. 아침 일찍 학교에 가서 밤늦게 집에 온다. 학교 수업이 끝나고 방과 후 본격적으로 공부하러 다닌다. 집에 돌아오면 인터넷이나 TV를 보는 시간이 많다. 특히, 스마트폰 게임으로 많은 시간을 소비한다. 매일 반복되는 생활이다. 한창 신체 활동이 필요한 시기에 움직이지 않아 운동부족이다. 신체 활동이 적다는 것은 스트레스가 많다는 것이다. 스트레스를 줄여주는 방법은 신체 활동을 늘리는 것이다. 체육 시간의 활동만이 아니라 자전거 타기, 술래잡기, 텃밭 가꾸기와 같은 야외 활동이 필요하다. 신체를 많이 움직일수록 몸무게도 줄어서 비만도 예방된다. 체력도 향상돼 건강해진다. 기분도 상쾌해져서 스트레스도 줄어든다. 텃밭에서 풀 뽑기, 모종 심기, 물 주기, 지지대 세우기, 고구마 캐기와 같은 활동은 몸의 근육을 강화한다. 텃밭을 가꾸는 직접적인 작업은 신체 활동을 많게 한다. 학교텃밭을 통해 다양한 체험 프로그램도 신체 활동에 도움이 된다. 아이들에게 텃밭 활동으로 스트레스를 줄여주고 건강한 생활에 도움을 준다.

늦가을 어느 날 초등학교 4학년인 둘째가 학교에서 김장을 한다고 한다. 지난 8월에 텃밭에 심고 재배한 배추로 김장 체험을 한다고 김치 담을 통을 챙겨 학교에 간다. 저녁에 돌아와 보니 김치 반 포기를 가져왔다. 우리 가족은 김장김치로 저녁을 맛있게 먹었다. 평소에는 김치를 잘 먹지 않던 둘째도 맛있다며 열심히 먹는다. 자기가 직접 키우고 김장 체험도 해서 그럴 것이다. 무엇이든지 자신이 직접 하면 남다르다. 책으로만 배웠던 자연학습을 학교텃밭을 통해서 자연스럽게 습득한다. 토마토 열매가 열리기 위해서 꽃이 피고 벌이 날아와 꿀을 먹고 간 뒤에 열매가 맺힌다.

텃밭수업을 통해서 개인적인 삶에서 공동체적인 삶의 중요성을 일깨워준다. 텃밭에 무엇을 심을 것인가를 논의해 결정한다. 작물을 심고 가꾸기 위해서는 물 주는 사람을 정한다. 정해진 날짜에 물을 주고 작물을 돌본다. 텃밭에서 수확한 농산물을 가지고 다양한 요리를 해 나눠 먹는다. 텃밭을 가꾸기 위해서 서로 도와가면서 작물을 키운다. 혼자보다는 여럿이 하면 쉽다는 것을 느낀다. 규칙을 정해서 지키도록 노력한다. 음식을 나눔으로써 나보다는 상대방 배려함을 안다. 텃밭 활동은 단순히 작물을 키우는 것에 한정되지 않는다. 개인주의가 만연한 현대에 더불어 사는 공동체적인 삶의 방식을 배운다.

학교텃밭은 1년 동안 진행한다. 학교 전체가 참여하는 것이 아니다. 특별하게 한 반이나 두 개 반이 선정돼 진행된다. 전체 학생이 참여하기보다는 일부 학생만 참여한다. 참여하지 않은 학생들에게도 참여할 수 있도록 확대 방안이 필요하다. 학교에서는 학생들 대상으로 현장 체험 시간의 다각적인 운영방안을 검토해본다. 체험 장소로 놀이동산이나 유명 관광지를 많이 선택한다. 매년 시행되는 체험 활동을 농촌지역이나 도시농업박람회 같은 곳에서 하도록 추천한다.

칠보산 논놀이터

"엄마, 밥 먹기 싫은데 피자 먹으면 안 돼?"

"안 돼!, 밥 먹어야지."

"왜, 피자는 안 되고 밥 먹어야 돼?"

엄마와 아이의 대화다. 아이들은 밥 먹기를 싫어한다. 밥보다는 햄버거, 피자, 라면과 같은 인스턴트 식품을 좋아한다. 왜 아이들은 패스트푸드를 좋아할까? 필자는 대학교 2학년 때 피자를 처음 먹었다. 어린 시절에는 간식이 없었다. 오로지 삼시 세끼 밥이다. 가끔 간식으로 먹는 것은 삶은 고구마나 감자다. 농촌지역에 살다 보니 피자나 햄버거 가게가 없었다. 피자 가게를 가려면 버스를 타고 나가야 한다. 하루 세끼 먹는 밥과 반찬도 마찬가지다. 시골생활에서는 특별히 시내에 장을 보러 나가지 않는다. 텃밭에서 재배한 채소로 반찬을 만들어 먹는다.

고기는 한 달에 한 번이나 두 번 먹는다. 지리적인 여건 때문이기도 했지만 농촌생활이 풍족하지 못한 이유도 있다. 어린 시절 식습관이 몸에 배서 피자보다 하얀 쌀밥이 좋다. 가끔 일요일 아침을 빵과 우유로 먹는데 역시 밥이 좋다. 아이들은 빵이나 피자가 더 좋단다. 치킨 사달라고 노래를 부른다. 쌀밥보다 패스트푸드를 좋아하는 아이들을 위해 해줄 수 있는 것이 무얼까 고민하다 '논놀이터'를 기획했다. 우리 농산물의 소중함과 농업인의 노고를 직접 느끼게 하고 싶었다. 자연의 생태계 변화와 벼 생육과정을 자연스럽게 습득하도록 하고 싶었다.

쌀은 우리나라의 자존심이다. 우리 민족이 대대로 지켜온 식량자원이다. 농림축산식품부는 식량자급률 목표치를 2022년까지 55.4%로 높이는 것을 「2018~2022 농업·농촌 및 식품산업 중장기 계획」에서 발표했다. 우리나라 식량자급률은 1970년대 80%로 높았으나 2016년에는 50.9% 수준으로 급격히 떨어졌다. 이 수치는 전체 농산물의 평균값이다. 품목별로 살펴보면, 쌀은 104.7%로 자급자족을 초과한다. 그 외 품목들은 밀 1.8%, 옥수수 3.7%, 콩 24.6%로 자급률이 매우 낮다. 무역개방으로 싼값의 수입 농산물이 밀려온다. 국내 농산물보다 수입 농산물 가격이 저렴하기에 소비자들을 유혹하기엔 충분하다. 우리 농산물을 이용해야 한다고 맘먹고 마트에 가지만 정작 손이 가는 것은 국산보다 싼 수입 농산물이다. 우리 농산물의 소중함과 경쟁력을 높일 수 있도록 노력이 필요하다.

회원 모집 _____

 '칠보산 논놀이터'는 칠보산마을연구소와 함께 진행했다. 칠보산마을 연구소는 칠보산 지역의 마을 만들기 자원봉사 단체다. 칠보산 지역의 발전을 위해 많은 노력을 하고 있다. 회원들은 1년 동안 논에서 다양한 놀이문화와 체험을 통해 자연스럽게 벼농사 방법을 습득한다. 문자와 SNS를 통해서 35명의 회원 가족이 모집됐다. 논놀이터 체험장은 자목 마을 통장님의 협조로 400평의 논을 임대해 이용했다. 논 옆에는 회원 들이 앉아서 쉴 수 있는 폭 2m의 논두렁이 있어 좋았다. 논을 조성한 지 얼마 되지 않아 토양의 양분 상태는 적어 보였다. 논놀이터 재배방 식은 친환경 재배다. 논 주인은 친환경 재배를 한다고 하니 걱정이 됐 는지 거름을 많이 넣어주었다. 4월 말 논놀이터 회원 가족 대상 오리엔 테이션을 했다. 논놀이터의 기획 의도와 운영방법을 설명하고 적극적 인 참여를 요청했다. 참여자들도 처음 해보는 논놀이터에 많은 관심과 열의를 가졌다.

모내기 _____

 모내기를 위해서 칠보산마을연구소 대표와 함께 논 주인의 협조로 못자리를 만들었다. 특별히 던져서 모를 심는 투모를 위해서 포트에 볍 씨 낟알을 넣어서 싹을 틔웠다. 투모는 어린이들이 논에 표적을 만들고 던져서 모를 내는 체험이다. 모내기를 노동이 아니라 놀이 체험으로 경험한다. 모내기하는 날 쉴 수 있도록 그늘막을 논두렁에 설치했다. 투모를 위해 논에 지지대와 줄로 영역 표시를 했다. 풀이 무성하게 자란 논두렁도 제초기를 이용해 깔끔하게 깎았다. 기계모가 아닌 손모를 위해 모판도 군데군데 가져다 놓았다. 논놀이터의 모내기 준비를 마쳤다.

드디어 모내기하는 날 논두렁으로 풍물패가 꽹과리를 앞세워 논두렁 사이를 누빈다. 그 뒤를 논놀이터 회원들이 흥겹게 따라간다. 한참을 신명 나게 풍물패가 흥을 돋워준다. 회원들이 모두 참석하자 둠벙^{응덩이} 앞에 준비해온 떡과 술, 명태포를 차려 놓고 고사를 지낸다. 앞으로 1년 동안 아무런 사고 없이 풍년을 기원한다.

생태교실 선생님의 지도로 어린이들은 맨발로 천천히 논에 들어가 줄지어 걷는다. 걸으면서 발에 미끄러지는 진흙의 감촉을 느낀다. 대열을 갖춰 빙 둘러서서 포트에 준비한 벼 모종을 표시된 영역으로 던진다. 올바르게 선 모도 있고 거꾸로 넘어진 모도 있다. 중요한 것은 어린이들이 논에서 모내기를 하고 있다는 것이다. 투모가 끝난 후에 둠벙으로 이동해 미꾸라지 잡기를 한다. 참여한 어린이들에게 미꾸라지 한 마리씩 나눠준다. 선생님의 신호에 따라 미꾸라지를 둠벙에 던진다. 미꾸라지가 둠벙 속에서 숨을 기회를 준다. 어느 정도 시간이 흐른 뒤에 아이들은 둠벙 속으로 들어가 자기가 던진 미꾸라지를 잡는다. 미꾸라지를 다시 잡고 함성을 지르는 어린이도 있다. 반면 미꾸라지를 잡지 못해 계속 손을 물속에서 더듬고 있는 아이도 있다. 잡았던 미꾸라지는 다시 둠벙에 놓아 살려준다.

모내기를 하면서 특별한 행사로 논에서 썰매 타기를 했다. 모내기를 위해 곱게 다져진 물 논에서 눈썰매를 타는 것은 정말 신나는 일이다. 준비해온 눈썰매를 아빠가 앞에서 끌어준다. 처음에는 옷 버릴까 봐 천천히 달린다. 아이들의 속도를 내라는 주문에 아빠들은 힘껏 달린다. 빠른 속도에 중심을 잃은 아이는 진흙 논에 넘어져 온몸이 진흙투성이다. 여기저기서 웃음소리가 터져 나온다. 옷은 이미 다 진흙이 묻어 흙범벅이 됐다. 서너 번을 물 논에서 달리기한 아빠는 기진맥진한다. 아이들이 너무 즐거워해 다음 프로그램 진행이 어려울 정도다. 오늘 체험 행사의 주목적은 모내기다. 먼저 어린이들이 논에 일렬로 서서 모내기를 한다. 양옆에서 못줄을 잡고 허리를 숙여 모내기한다. 모를 다 심으면 다시 줄을 옮겨 놓고 모를 심는다. 어린이들도 제법 모내기를 잘한다. 반대편에서는 부모들이 일렬로 서서 손 모내기를 했다. 어린이보다 속도가 빠르다. 400평의 논 모내기는 어렵지 않게 마칠 수 있었다.

모내기가 끝나고 참석한 가족들은 그늘막에 앉아 꿀맛 같은 점심을 먹는다. 우리가 직접 모내기를 한 논을 보면서 뿌듯함을 느낀다. 어떤 가족은 불판을 준비해와서 고기를 구워 먹는다. 다른 가족은 김밥을 맛있게 먹는다. 어느 정도 식사가 끝나자 기타반이 준비한 기타 반주에 맞춰서 흥겨운 노래공연을 한다. 참석자 모두 손뼉 치며 즐겁게 노래를 부른다. 그동안 멀리서만 지켜보던 논에 직접 들어가고, 썰매를 타고, 모내기도 하며 놀 수 있는 공간에 감동한다. 모내기가 힘든 노동이기보다 즐거운 체험 놀이 활동이 됐다.

논 생명체 관찰 _____

논 생태 관찰을 위해서 논의 귀퉁이에 둠벙을 만들었다. 둠벙은 삼각형 모양으로 깊이는 60cm 정도 흙을 파냈다. 이곳에 물을 채우고 미꾸라지, 우렁이, 창포, 수생식물과 같은 다양한 생명체가 살 수 있도록 한다. 둠벙 만들기에 아이들도 한몫했다. 처음으로 아파트 놀이터가 아닌 논에서 흙과 노는 것에 만족한다. 둠벙을 만들기 위해 땅 파는 것보다는 삽으로 흙장난하는 것에 더 열중이다. 둠벙이 다 만들어져 물을 채우니 제법 보기 좋은 둠벙 모양을 갖춘다.

논놀이터 프로그램 중에 '논 주위 생명체 관찰하기'가 있다. 논과 주위에서 자라는 식물과 생명체에 대해 알아본다. 먼저 논에는 벼 이외 잡초가 많다. 대표적인 잡초로는 달개비, 바랭이, 괭이밥, 쇠뜨기와 같은 것이 있다. 이러한 잡초들은 번식력이 강하다. 잡초는 생명력과 종족 번식을 위해서 벼보다 먼저 꽃이 피고 씨를 만든다. 사람들은 벼 작물 이외의 잡초는 모두 뽑아 버린다. 이것이 김매기다. 잡초 중에 피가 있다. 피는 벼와 너무 흡사해 보통사람은 구분하지 못한다. 분명히 피라고 뽑았는데 절반 이상이 벼다. 생명체로는 개구리, 두꺼비, 실지렁이, 거머리 같은 것이 있다. 개구리는 가장 흔하게 볼 수 있다. 한 여름 밤 개구리의 울음소리는 정말 듣기 좋다. 여치와 메뚜기도 논에서 흔하게 볼 수 있다. 논과 논 주위의 생명체 관찰이 끝나면 둠벙으로 이동한다. 둠벙 속과 주위에 자라고 있는 수생식물도 관찰한다. 둠벙 옆에 창포는 인기가 좋다. 샴푸가 없던 옛날에는 창포물로 머리를 감았다. 창포로 머리를 감고 나서 은은하게 풍기는 향기는 정말 좋다. 둠벙 안에 어떤 생명체가 사는지 뜰채로 이곳저곳을 떠본다. 미꾸라지도 나오고 물방개도 나온다. '걸음아 날 살려라' 하며 우렁이는 급하게 기어간다. 아이들은 논과 둠벙 속에 살아가는 다양한 생명체를 보면서 자연스럽게 자연 생태계 공부를 한다. 아이들은 논 주위의 생명체를 관찰할 때 메모하며 재미있는 시간을 보낸다. 요즘은 과도한 농약 사용으로 다양한 논 생명체들을 점점 만나기가 힘들다.

콩 심기 _____

예부터 논에 모내기가 끝나면 논두렁에 콩을 심었다. 논두렁에 콩을 심으면 논두렁이 허물어지는 것을 방지한다. 빈 공간을 활용해 콩을 심어 부수적인 농산물을 얻는다. 논놀이터에서 콩이 익으면 콩 구워 먹기 이벤트를 하기 위해 심었다. 콩을 심기에 앞서 콩에 대한 재미있는 이야기와 콩 모종을 심는 방법을 알려준다. 각자 조를 나눠 논두렁 둘레에 콩을 심는다. 콩은 어느 정도 자라면 순지르기를 해야 한다. 순지르기를 안 하면 웃자라서 열매가 맺히지 않는다. 콩 모종을 심은 후에 주의해야 할 것이 있다. 고라니다. 고라니는 콩과 같이 잎이 연한 부분만 뜯어 먹는 습성이 있다. 칠보산 주변에는 고라니가 많다. 콩 모종을 심은 후에 빨간 노끈으로 줄을 쳐 놓았다. 고라니의 피해를 막기 위해서다.

김매기

　김매기는 벼 재배 기간에 2~3번은 해줘야 한다. 요즘은 농촌에 김매기 할 노동력이 없다. 농촌지역의 고령화로 제초제를 많이 사용한다. 이앙기로 모내기하면서 제초제를 동시에 뿌린다. 일손이 부족해 이해는 하지만 과도한 농약과 화학비료 사용은 자연 생태계를 파괴하는 원인이 된다. 자연도 살리고 인간에게도 이로운 친환경 재배법에 관심이 증가하고 있다. 논놀이터의 벼 재배방식도 친환경 재배법이다. 친환경 재배방법은 작물관리에 많은 시간과 노동력이 요구된다. 전업 농업인이 아닌 이상 완벽하게 친환경 농업을 실천할 수 없다. 농약과 화학비료를 사용하지 않은 것으로 만족해야 한다. 논놀이터 행사 있을 때마다 김매기를 해주며 논을 관리해준다. 김매기의 목적은 두 가지다. 벼가 아닌 잡초를 뽑아주는 것과 뿌리의 분얼을 도와줄 수 있도록 손으로 포기와 포기 사이의 흙을 걷어준다. 장화도 신지 않고 맨발로 논에 들어가 김매기를 하는 것은 흔치 않은 경험이다. 벼가 너무 커버리면 논에 들어갈 수 없다. 아직 어린 모일 때 들어가 하나둘씩 생기는 작은 잡초를 뽑아야 한다. 맨발이기에 발가락 사이로 진흙이 삐져나오고 발을 옮길 때 힘겹게 빠지는 모습이 인상적이다.

허수아비 만들기 _____

나는 나는 외로운 지푸라기 허수아비

너는 너는 슬픔도 모르는 노란 참새

들판에 곡식이 익을 때면

날 찾아 날아온 널 보내야만

해야 할 슬픈 나의 운명

훠이훠이 가거라 산 너머 멀리멀리

보내는 나의 심정 내 님은 아시겠지

– 참새와 허수아비, 조정희, 82대학가요제 대상 –

　가을이다. 가을 들녘의 대표적인 것이 허수아비다. 허수아비 만들기는 논농사의 대표적인 체험이다. 허수아비 체험을 위해 회원들이 각자 헌 옷과 여러 색의 유성펜을 준비해 왔다. 허수아비를 만들기 위해서는 골격과 헌 옷이 필요하다. 적당한 크기로 나무를 잘라서 회원들에게 나눠줬다. 회원들은 나무와 헌 옷을 이용해 다양한 허수아비를 만든다. 아빠들은 나무를 잘라주고 아이들은 옷을 입히고 얼굴을 그려서 참새를 쫓을 수 있도록 험악한 허수아비를 만든다. 태권도복을 입고, 아빠 와이셔츠를 입고, 엄마의 목도리를 두른 허수아비도 있다. 허수아비 만들기가 끝나고 모두 그늘막에 모여서 정성 들여 만든 허수아비를 소개하는 시간을 가진다. 허수아비 종류도 여러 가지였고 만든 취지도 다양하다. 설명이 끝난 후 각자 만든 허수아비를 들고 논으로 향한다. 만든 사람이 놓고 싶은 곳에 꽂아 놓는다. 잘 익어가는 벼 논에서 허수아비와 함께 기념사진을 찍는다. 자기 대신 벼들을 잘 지켜달란다. 참새가 오지 못하도록 소리 지르란다. 그동안 모내기와 김매기를 하며 정성 들여 돌봐온 벼를 허수아비에게 당부한다.

벼 베는 날

논놀이터의 마무리 시간이다. 지난 1년 동안 칠보산 논놀이터 벼농사 체험을 통해서 정말 많은 것을 배웠다. 벼꽃을 피우고 열매가 맺고 도정을 해 우리가 먹는 쌀밥이다. 논과 주위의 생명체 관찰을 함으로써 자연환경의 소중함을 확인했다. 비록 전문 농업인처럼 벼농사를 짓지는 않았지만 여러 차례 논농사 체험 활동을 통해 벼 생육과정을 알았다. 우리가 먹는 쌀 한 톨이 힘든 작업을 거쳐 만들어진다. 농사를 짓는 농업인의 노고를 알게 됐다. 벼 이삭의 낟알을 확인 후 논두렁에 앉아 백일장 대회를 한다. 벼 베기 활동을 시나 산문으로 글짓기 해 발표시간을 갖는다. 백일장 대회 선정된 학생은 준비한 상품과 부상으로 칠보산 논놀이터에서 생산된 쌀 1kg을 준다.

벼 베기 전에 그동안 재배과정과 친환경 재배의 어려운 점과 같은 논농사의 다양한 이야기를 듣는다. 어린이 체험자들에게 관행 농법과 친환경 재배의 벼 이삭 낟알 수의 차이를 비교해준다. 일반적으로 한 개의 벼 이삭에는 100~150개의 낟알이 달린다. 관행 농업으로 재배한 벼 이삭이 친환경 재배한 이삭보다 낟알이 20개 정도가 많다. 학습적으로 좋은 관찰일지다. 벼 이삭의 관찰이 끝난 후 본격적으로 벼 베기 체험을 한다. 벼는 낫으로 베어야 하기에 어린이에게는 위험하다. 선생님과 함께 한 명씩 벼 한 포기를 낫으로 벤다. 자기가 직접 벤 벼 한 포기는 끈으로 묶어 기념으로 집에 가져간다. 벼 베기 체험이 끝나면 벼 탈곡 체험을 위해 탈곡하는 곳으로 이동한다. 체험용으로 사용된 탈곡기는 예전에 쓰던 홀테다. 발로 홀테를 지지한 다음 벼 이삭을 갈퀴에 걸어 잡아당기면 지푸라기와 벼 낟알이 분리된다. 이것이 탈곡이다. 요즘은 콤바인이 벼 베기를 해 바로 건조장으로 옮겨진다. 건조장에서는 건조 후 보관하다가 도정해 쌀로 판매한다. 이런 과정 때문에 벼 낟알을 보기가 힘들다. 볍씨는 모르고 쌀만 알 뿐이다. 벼 베기 체험은 논의 일부분만 한다. 나머지 논의 벼는 나중에 콤바인을 이용해 베어서 정미소에 보관한다.

오전 벼 베기 행사를 마치고 오후에는 탈곡한 볏짚 단을 이용해 콩 구워 먹기를 한다. 지난 5월 말에 논두렁에 심었던 콩이 잘 익었다. 아이들과 불에 익은 콩을 꺼내 먹는다. 입 주위가 시커멓게 되는 줄도 모르고 맛있게 먹는다. 누군가 불 속에 고구마도 넣었다. 고구마 익는 냄새가 좋다. 뜨거운 군고구마를 호호 불어가며 맛있게 먹는다. 아이들은 모처럼 놀이 체험에 즐거워한다. 공식적인 벼 베기 행사를 마치고 다시 그늘막으로 돌아와 음식을 나누며 늦가을날의 오후를 즐긴다. 참가한 회원들은 너무너무 재밌는 놀이였다면서 내년을 기약한다.

쌀밥 먹는 날

    칠보산 논놀이터 마지막 행사인 '쌀밥 먹기 모임'을 한다. 지난 1년 동안 모내기를 하고 직접 벼 베기를 해 수확한 쌀로 밥을 지어 먹는 행사다. 아침 일찍 도정한 쌀과 성과자료집을 가지고 행사장으로 갔다. 행사장에 도착하니 벌써 회원 두 가족이 와서 기다리고 있다. 11월 중순이었지만 날씨가 쌀쌀해 마당 가운데 모닥불을 피웠다. 모닥불 속에 고구마를 은박지로 싸서 구워 먹었다. 쌀밥을 짓기 위해 쌀을 씻어 준비한다. 논놀이터를 하면서 생산된 쌀 이름을 회원들의 공모로 정했다. 쌀 브랜드는 '칠보산마을 쌀'이다. 그동안 노고의 기념으로 칠보산 마을 쌀 브랜드가 적힌 쌀 봉지에 5kg씩 담아서 나눠줬다. 씻어놓은 쌀로 50인분의 밥을 짓고 돼지고기를 썰어 넣은 김치찌개를 끓였다. 마당 가운데 탁자 위에 맛있어 보이는 김치찌개와 몇 가지 반찬이 놓여있다. 김이 모락모락 나는 하얀 쌀밥을 한 그릇씩 손에 들고 서서 맛있게 먹는다. 어제 도정한 쌀이고 직접 모내기부터 김매기, 벼 베기를 해 생산한 쌀로 밥을 해서 먹는 의미가 남달랐다. 맛있어서 두 그릇이나 먹는다.

    처음 만난 회원들과 논놀이터를 함께하며 행복한 시간을 보냈다. 도시에서 잊지 못할 특별한 경험을 한 것이다. 도시에서 벼농사를 직접 지어보고 체험 활동을 하면서 농업의 소중함을 알았다. 도시농업을 매개로 이웃들과 소통하며 친하게 지낼 수 있어서 정말 좋았다. 체계적인 농업 체험 프로그램이 개발되고 활발하게 운영됐으면 좋겠다.

제 5 장

도시농업 힐링

도시농업 힐링

농업은 우리에게 편안함을 준다. 복잡한 도심에서 생활하는 것보다 한적한 시골생활이 편안함과 안정감을 준다. 요즘은 바쁜 직장생활로 가족 간의 대화나 함께 보내는 시간이 적다. 아이들이 어떤 생각을 하고 있는지, 친구들과는 잘 지내는지 궁금하다. 회사에 다닌다는 핑계로 가족에게 무관심하다. 주말에는 그동안의 부족함을 보상이라도 하듯이 가족 나들이를 많이 한다. 나들이 장소로 놀이동산과 관광지도 가지만 자연과 어울릴 수 있는 곳을 선호한다. 사람들은 휴식을 취할 때는 자연을 찾는다. 자연에는 편안함이 있기 때문이다. 자연만큼이나 편안함을 주는 것이 도시농업이다. 도시농업을 함으로써 스트레스에 시달린 몸과 마음을 잠시 쉬게 한다. 이것이 힐링이다.

'2018년 한강 멍때리기 대회' 참가자 모집이란 문구를 본 적이 있는

가? 서울시는 2018년 4월 22일에 멍때리기 대회를 개최했다. 너무나 많은 생각과 스트레스에 시달리는 현대인을 위해서 잠시나마 생각하지 않고 쉬어 보자는 목적이다. 항아리에 물이 가득 차 있으면 새로운 물을 담을 수 없다. 항아리 안에 있는 물을 비워야 새로운 물을 담을 수 있다. 대회 규칙은 아무것도 하지 않은 상태를 오래 유지하는 것이다. 대회 시간은 총 90분 동안 진행되며 심장박동 수와 현장 시민투표 점수를 합산해 우승자를 결정한다. 공정한 심사를 위해서 주최 측은 15분마다 기구를 사용해 심장박동 수를 측정한다. 참가자는 대회 진행 중에는 휴대전화 사용, 졸기, 시간 확인, 잡담, 웃기, 음식물 섭취 등을 할 수 없다. 규칙상 말을 할 수 없기에 불편사항이 있을 경우에 네 가지 카드를 사용한다. 빨간 카드는 마사지, 파란 카드는 음료수 제공, 노란 카드는 부채질 요청, 검정 카드는 화장실 가기로 활용할 수 있다. 현대인의 삶에는 양질의 휴식이 필요하다. 인생을 살아가면서 주기적인 힐링 시간이 요구된다.

치유농업 _____

치유농업이란 용어는 2013년 농촌진흥청에서 처음으로 사용했다. 치유농업이란 '우리 생활공간이나 생활방식에서 쉽게 접할 수 있는 자연이 바로 농업과 농촌이기 때문에 사람들이 자연에 접하면서 균형이 깨어진 일상을 회복하고 건강하고 즐거운 삶을 살 수 있도록 돕는 것'이라고 말한다. 예전에는 먹을 것을 생산하기 위해서 농사를 지었다.

하지만 도시농업은 다르다. 도시농업은 먹을 것을 생산하기보다는 도시에서 농업하는 것 자체에 가치를 둔다. 재배 면적도 넓지 않다. 5평이나 3평에도 만족한다. 작물을 심고 정성 들여 가꾼다. 상춧잎을 따거나 열매채소를 수확할 때도 생산량보다는 수확하는 기쁨을 누린다. 어떻게 농산물을 키우고 작업의 즐거움을 누릴 것인가에 관심 있다. 도시농업을 하면서 작물을 보고, 즐기고, 느끼고, 감상함으로써 신체적, 정신적으로 건강한 삶을 살아간다.

> 식물치료에는 식물을 기르고, 꾸미고, 체험하는 과정에서 심신의 건강을 얻는 원예치료Horticultural therapy와 꽃치료, 향기치료가 있다. 원예치료는 정서적, 사회적 측면뿐 아니라 야외 활동 및 근육 사용 증가에 따른 근육 기능 발달 등의 신체적인 건강을 도모한다. 꽃치료는 꽃의 향기, 색깔, 형태 등 건강에 영향을 미치는 것을 의미한다. 꽃향기는 향 성분의 입자가 신체로 흡수돼 스트레스 완화, 피로회복 등의 효과가 있다. 꽃 색은 고유한 파장과 진동수에 의해 인간의 신진대사에 영향을 줌으로써 치료 효과를 나타낸다.
>
> – 도시농업–농업기술길잡이, 농촌진흥청 –

치유농업의 사례를 살펴보자. 도시농업을 할 때 호미로 잡초를 제거하고, 작물을 심고, 열매를 수확할 때 손 근육은 자연스럽게 운동을 한다. 식물에 물을 주는 소리, 채소나 꽃의 색깔이나 모양, 향기, 농기구 사용과 같은 것이 뇌를 자극한다. 이러한 텃밭관리 활동은 반복적으로 진행되며 작물이 자라는 상태에 따라서 작업내용도 달라져서 지루하지 않다. 농작물 재배할 때 힘은 들지만 그 이상의 보람과 가치를 느낀다. 신체적으로 건강해지고 정신건강에 좋은 영향을 준다. 특히, 작물의 녹색은 사람의 집중도가 높아지고 스트레스가 감소하는 효과가 있다. 작물을 기르는 동안에 애착과 책임감도 생긴다. 작물이 잘 자라는 것을 지켜보면서 상대방을 이해하는 배려심도 얻을 수 있다. 작물이 성장하고 죽어가는 것을 보면서 삶과 연계해 생각하면서 회복 탄력성과 자아존중감이 높아진다. 농촌진흥청 도시농업팀의 김경미 박사는 참여 대상자별 치유농업 효과 영역을 다음과 같이 제시한다.

아동 및 청소년 대상 효과

- 안정감, 책임감, 소속감 향상
- 대인관계 능력, 자아존중감 향상
- 직업능력, 부모와 유대관계, 감각 활용 향상
- 신체능력 발달, 현실감각 학습, 역할모델 형성
- ADHD 치유, 에너지 활용 향상, 식욕 증진

정신적 질환자 약물, 알코올 의존자 포함 대상 효과

- 약물 및 알코올 의존성 감소
- 대인관계 능력 향상
- 안정감, 책임감, 소속감, 자아존중감, 집중력, 협업능력 향상
- 에너지 활용 향상

일반 성인 대상 효과

- 안정감, 에너지 활용 향상
- 학습장애, 치매 질환 치유
- 스트레스 감소

국민건강보험공단의 발표에 따르면 2017년 3월 현재 전국의 요양병원은 1,506개, 요양시설은 5,215개다. 예부터 우리나라는 부모님을 모시고 사는 것을 당연하게 생각했다. 지금은 산업화와 핵가족화에 의해 부모님을 모시고 사는 경우는 적다. 부모님과 함께 살고 싶어도 부모님이 반대해 따로 사는 경우가 많다. 본인의 의지와 상관없이 자식들이 혼자 계시는 부모님의 걱정 때문에 요양시설에 모시는 경우도 많다. 요양시설에 있는 분들은 하루가 무료하다. 그저 우두커니 방 안에 앉아 있다. 요양시설에서 편안하게 생활은 하지만 삶이 외롭고 우울하다. 이에 도시농업은 요양시설에 매우 적용하기 좋은 프로그램이다. 어르신들이 농사를 지으시면 몸으로 습득한 삶의 지혜를 가르쳐줄 수 있다. 옥상에 상자텃밭을 만들어 자연스럽게 어르신들이 참여한다면 그 효과는 매우 크다. 그동안 살아온 지혜와 평상시 해왔던 일이라 자신감을 살려준다. 상자텃밭에 자라는 작물과 꽃들을 보면서 삭막하고 갑갑한 병실 생활의 무료함을 없앤다. 씨앗에서 작물이 자라고 열매가 맺히는 것을 보면서 생명에 대한 의지를 갖게 된다. 처음 옥상텃밭에 참여하기가 어렵지 한번 참여하면 삶의 중요한 부분을 차지하며 활력소가 된다.

힐링 팜 _____

오래된 영화이긴 하지만 〈레옹〉에서 주인공이 화분을 안고 어린아이 마틸다와 함께 걸어가는 장면이 있다. 청부살인업자인 주인공에게도 순수함과 희망이 있다는 것을 보여주는 장면이다. 2018년 4월 11일 '범죄 피해자 보듬는 아주 특별한 힐링 팜'이라는 기사를 봤다. 살인, 강도, 강간, 방화와 같은 범죄 피해자 마음의 상처를 치유하기 위해서 '힐링 팜Healing Farm'을 운영한다는 내용이다. 그동안 일반인이 주로 하던 주말농장을 특정 소외계층 대상으로 확대되는 것은 매우 긍정적인 일이다. 피해자들은 대인기피증이나 우울증에 시달리며 아픔을 겪고 있다. 텃밭에서 작물을 키우며 자연스럽게 다른 사람들과 대화를 나눈다. 서로의 아픔을 공감하고 상처를 어루만져주는 공간으로 발전한다. 작물을 키우면서 농작업의 반복 작업이 많고 작은 성공이 자기 긍정과 근로 의욕을 높여준다. 텃밭 활동이 신체기능을 유지시켜 준다. 피해자들에게 바람직한 인간관계를 만들어준다.

일반적으로 치유란 특별한 도움이 필요한 사람을 우선 대상으로 한다. 더 나아가 도시민과 농업인에게까지 확대한다. 외국의 경우 일반 국민의 참여가 활발하다. 유럽 선진국에서는 장애인과 같은 계층에 돌봄 서비스를 한다. 서비스는 국가 지원과 사회적 기업에서 운영하기도 한다. 네덜란드는 1,200여 개 치유 농장을 중심으로 건강보험을 연계해 서비스한다. 독일은 400여 개 병원과 사회재활센터 180여 개 커뮤니티, 500여 개의 녹색작업장을 건강보험 직업병 치료 항목에 연계해 지원한다. 최근 우리나라도 소외계층의 사회적 농업으로 발전하기 위해 노력하고 있다. 사회복지시설인 보육원이나 양로원에서 도시농업을 활용한 치유농업 사례가 늘고 있다.

자아성찰

나는 누구인가? 스스로 물으라. 자신의 속 얼굴이 드러나 보일 때
까지 묻고, 묻고, 또 물어야 한다. 건성으로 묻지 말고, 목소리 속의 목
소리로 귀 속의 귀에 대고 간절하게 물어야 한다. 해답은 그 물음 속
에 있다.

– 법정 스님 –

비록 작은 규모지만 주말농장 관리도 쉽지 않다. 생업이 아닌 이상
매일 텃밭에 갈 수 없다. 주중에는 회사일 때문에 못 가고 주말에는 각
종 애경사와 모임이 많다. 주말 일정이 없으면 한 주간의 피로로 늦잠
을 자고 싶다. 토요일 늦게 아침밥을 먹고 텃밭에 나가면 오전 11시다.
해는 중천에 떠 있고 햇볕은 강하다. 이번 주말에 텃밭에 나가지 않으
면 또 한 주간을 미루게 된다. 도시농부는 새벽이든 한낮이든 시간이

허락되면 언제든지 텃밭 일을 한다. 한낮의 더위도 신경 쓰지 않고 일하는 사람이 도시농부다. 일반적으로 농업인들은 아침 일찍 이른 시간대에 일한다. 오전 11시부터 오후 2시 사이에는 햇볕이 너무 강해서 휴식을 취하거나 개인적인 일을 본다. 한낮에 일을 많이 하면 일사병에 걸리기 때문에 피해야 한다.

잡초관리

　주말농장을 처음 시작할 때만 해도 텃밭에 많은 관심과 애정을 갖는다. 상추 수확이 끝나고 작물 재배 끝물에 접어드는 7월부터는 관리가 소홀해진다. 특히, 여름휴가 때가 최대 고비다. 장마로 비가 자주 내리면 텃밭에 가지 못해 관리가 더욱 어렵다. 작물은 병해충에 걸리고 텃밭의 잡초는 키우는 작물보다 더욱 무성하게 자란다. 여름 휴가를 다녀와 2~3주 만에 텃밭에 가보면 기겁을 한다. 사람의 키만큼 자란 명아주와 쇠비름과 이름 모를 풀들이 텃밭을 덮고 있다. 이때 도시농업을 하는 사람은 선택의 기로에 선다. 많은 풀을 뽑고 계속할 것인가 아니면 풀 뽑기가 힘드니 포기할 것인지 말이다. 초보자들은 이때 많이 포기한다. 2~3년 경험자는 풀을 뽑고 밭 정리를 해 김장 배추를 심는다. 배추를 심으며 풀이 무성하게 자란 옆의 텃밭에 욕심이 나기도 한다. 더 많은 김장 배추를 심고 싶은 욕심이 생긴다. 하지만 이내 포기한다. 주말농장 텃밭 주인이 언제 나타날지 모르기 때문이다.

땀 흘리기 _____

주말에 늦은 아침밥을 먹고 텃밭에 나가 일을 한다. 작물에 물을 주고 지지대를 설치해준다. 잡초도 뽑아준다. 텃밭에 나갈 때는 얼굴이 탈까 봐 커다란 밀짚모자를 쓴다. 덥지만 긴 팔 셔츠와 긴바지를 입고 간다. 완전무장을 하고 햇볕이 뜨거운 한낮에 텃밭에서 일하다 보면 땀이 비 오듯이 흐른다. 수건으로 얼굴의 땀을 닦지만 몇 분 후 마찬가지다. 마치 목욕탕에서 사우나 하는 것과 같다. 온몸의 땀구멍이 열려서 땀이 계속 줄줄 흐른다. 사무실에서 일하다 보면 땀 흘릴 일이 없다. 운동으로 땀을 흘려야 하는데 그렇지 못하니 이렇게라도 땀을 뺀다. 땀을 통해 노폐물이 빠져나온다고 생각하니 더욱 좋다. 비록 땀 냄새는 나지만 기분은 상쾌하다.

비타민 D 흡수 _____

강한 햇볕으로 눈이 부시지만 햇볕 아래서 텃밭 일을 하는 것은 즐겁다. 일주일 내내 사무실에서 햇볕 쬘 기회가 없었으나 텃밭 일을 하다 보면 마음껏 햇볕을 쬔다. 햇볕을 쬐면 비타민 D 성분이 만들어져 우리 몸에 흡수된다.

늦은 시간까지 이어지는 학업과 업무에 햇볕을 가까이하기 어려운 요즘이다. 국민 건강영양조사[2014]에 따르면 19세 이상 성인을 대상으로 혈중 비타민 D 농도를 측정한 결과 72%가 기준치$^{20ng/ml}$보다 낮은 것으로 나타났다. 건강보험심사평가원 자료를 보면 비타민 D 결핍으로 진료를 받은 인원도 2010년 3,000명에서 2014년 3만 1,000명으로 5년 동안 3만 명 가까이 증가했으며, 총진료비도 2010년 3억 원에서 2014년 약 16억 원으로 늘었다.

– '긴 실내 생활, 비타민 D 결핍 부를 수도',

〈국제신문〉, 2016.02.25. –

비타민 D가 부족하면 골다공증과 같은 뼈 질환과 심하면 우울증 증세도 나타난다. '365일 더건강 이야기'에서는 비타민 D 결핍의 증상을 다음과 같이 나타냈다.

- 우울감을 느낀다.
- 쉽게 체중이 증가하고 피곤함을 느낀다.
- 기억력, 집중력이 나빠진다.
- 불면증이 생긴다.
- 두통이 잦아진다.
- 쉽게 짜증을 내곤 한다.
- 근육통과 경련 증세가 나타난다.

하나라도 이와 같은 증세가 나타난다면 비타민 D를 보충해줘야 한다. 요즘 시중에서 비타민 D 제품을 판매한다. 약을 복용하는 것보다 간단한 방법은 실내보다는 야외 활동을 늘리는 것이다. 게으른 도시농부는 햇빛이 강한 오전 11시~오후 3시 사이에 텃밭 활동을 많이 한다.

텃밭 활동을 하는 사이에 비타민 D가 저절로 만들어진다. 도시농부는 비타민 D를 충분히 보충할 수 있다. 햇볕을 받고 땀 흘리며 생활하면 언제나 삶이 즐겁고 활력이 넘친다.

미생 _____

> 미생은 바둑에서 집이나 대마가 아직 완전하게 살아 있지 않은 상태를 가리키는데 윤태호 작가가 2012년부터 연재해 온 웹툰 제목으로 널리 알려져 있다. 인턴사원으로 입사한 장그래가 회사에서 살아남기 위해 고군분투하는 과정을 그린 웹툰 〈미생〉에서 '미생'은 장그래가 스스로의 처지를 표현하는 말로 쓰였다. 2014년 tvN에서 웹툰을 기반으로 만들어진 동명의 드라마가 방영돼 큰 인기를 얻은 바 있다.
>
> — 미생과 완생, 시사상식사전, 박문각^{Naver 지식백과} —

〈미생〉은 2014년 tvN에서 인기리에 방영된 드라마다. 특히 직장인에게 인기가 좋았다. 직장에서 살아남기 위해 노력하는 모습이 안타깝기만 하다. 도시농업을 하다 보면 많은 것을 깨우친다. 특히 텃밭에 쪼그리고 앉아서 잡초를 제거할 때 더욱 그렇다. 텃밭농사의 가장 힘든 것이 잡초 제거다. 잡초를 관리하지 못하면 텃밭농사는 망친다. 다시는 주말 농사를 하고 싶지 않다. 처음 주말농장을 시작할 때 잡초와의 싸움에서 이겨야 한다. 그렇지 않으면 잡초에 지게 된다. 2주만 텃밭을 관리하지 않으면 잡초가 작물을 뒤덮는다. 잡초에 치여 작물이 제대로 살지 못한다. 열매를 제대로 수확할 수 없다. 그래서 잡초는 보이는 즉시 뽑아줘야 한다. 내가 관심을 주고 보살펴야 할 것은 작물이지 잡초가 아니다. 단순한 이분법에 의해 작물 아니면 잡초다. 잡초가 작든 크든 보이면 무조건 뽑아 없애야 한다. 텃밭에서 잡초를 뽑을 때마다 '나는 회사에서 잡초인가 작물인가' 하고 반문한다. 잡초로 취급돼 제거 대상인가 아니면 관심을 갖고 지켜보는 작물인지 말이다. 항상 직장에서 잡초로 취급되지 않기 위해 열심히 노력한다. 일을 추진하면서 높은 성과를 내려고 한다.

주말농장의 5평 남짓한 텃밭을 가꾸며 내 손으로 직접 농산물을 생산하는 재미도 있지만 삶을 살아가는 데 많은 생각을 하게 한다. 몸을 움직여 땀을 흘린다. 여름에 일광욕을 많이 해야 겨울에 감기에 걸리지 않는다. 회사에서 선의의 경쟁을 한다. 항상 현재에 만족하지 않고 새로운 도전의식을 갖는다. 안일하고 느슨한 생활보다는 긴장하며 활력 넘치는 자세로 살아가려 노력한다. 텃밭 작물을 가꾸고 관리하다 보면 사계절과 자연을 느낀다. 자연은 우리에게 항상 많은 것을 알려준다. 무의미한 생활에서 활력 있는 삶의 방식으로 안내한다.

새로운 가치 실현

활발한 국제무역에 따라 수입 농산물을 어디서나 만날 수 있다. 농산물의 안전성도 문제지만 싼 가격이 국내 농업을 위협하고 있다. 외국에서 수입된 싼 가격의 농산물과 가격경쟁을 하기엔 역부족이다. 그나마 다행인 것은 의식 있고 안전한 농산물을 찾는 소비자들이 있다는 점이다. 안전한 농산물을 찾는 웰빙의 영향으로 주말농장 참여자가 급증하고 있다. 사실 주말농장에서 작물을 키워 먹는 것은 마트에서 구입하는 것보다 비용이 많이 든다. 비싼 비용을 지불하면서 주말농장을 하는 이유는 무엇일까. 단순하게 농산물을 생산하는 것의 차원을 넘어 새로운 가치를 얻을 수 있기 때문이다.

도시농업은 도시를 상징하는 빠른 삶과는 다른 방식의 라이프 스타일이다. 도시농업을 하는 사람들은 땅을 갈고 씨앗과 모종을 심고 물을 주고 나서 바로 먹을거리가 생겨나길 기대하지 않는다. 물론 바로 먹을거리가 생산되지 않는다. 마트에서 물건을 사는 것이야 가격과 포장이 선택의 기준이고 화폐만 지불하면 곧바로 마트의 모든 것이 자신의 소유가 되지만 도시농업에서는 불가능한 일이다. 오히려 정성껏 씨앗과 모종을 고르고 심고 키우는 과정이라는 즐거운 기다림을 즐기는 것이 더 높게 평가되곤 한다. 또한 이 기다림의 시간 속에서 텃밭을 돌보기 위해 걷고, 손을 움직이며 농작물을 키우는 것에 대한 지식을 습득하기도 한다.

— 도시농부, ㈜전국도시농업시민협의회, 2017 —

여유로운 삶

주말농장은 생계수단이 아닌 취미 활동이다. 주말농장으로 생업을 꾸려가는 사람은 없을 것이다. 작물 가꾸기에 익숙하지 않은 도시민들은 모종을 구입해 심는다. 모종은 씨앗보다 20~30배 이상 비싸다. 씨앗을 발아시켜 모종으로 클 때까지 기다리지 못한다. 주말농장에 모종을 심어서 텃밭 모양을 갖추길 바란다. 자신이 직접 재배한 작물을 수확하는 것은 즐거운 일이다. 직접 재배한 쌈채소나 열매채소를 먹는 것은 행복한 일이다.

수원의 당수동 시민농장에서 주말농장을 할 때였다. 당수동 시민농장은 10만 평 규모의 주말농장이다. 시민농장 안에 연을 심어 놓은 연못도 있고 중간중간에 쉴 수 있는 원두막이 있다. 넓은 공간에서 텃밭 농사를 짓는 것도 좋지만 주변을 산책하며 여유를 느낄 수 있는 좋은 곳이다. 텃밭만 조성된 것이 아니라 주위 경관을 조성하기 위해서 코스모스나 청보리를 심어 놓았다. 코스모스가 필 때면 사진을 찍기 위해서 많은 사람이 찾는다. 청보리가 누렇게 익을 때면 옛 향수가 되살아난다. 연근을 심어 놓은 연못 주위에는 수많은 잠자리가 날아다닌다. 생태적으로 좋은 조건을 갖춘 곳이다. 텃밭 작업을 마치고 준비해간 음식을 원두막에서 먹는 재미는 잊을 수 없다. 쉬는 시간에 원두막에서 땀을 식히며 보는 시민농장 전경은 편안함을 준다. 사실 10평의 텃밭에 풀 뽑고 물을 주는 작업은 1시간이면 충분하다. 작업을 끝내고 원두막에서 서너 시간을 보낸다. 모처럼 여유를 갖고 아이들과 이런저런 이야기도 나눈다. 주말농장을 핑계 삼아 드넓고 아름다운 야외에서 즐거운 시간을 즐긴다. 도심에서 가까운 곳에 십만여 평의 여유를 누릴 공간이 있다는 것은 큰 행운이다.

우정의 장

도시농업 활동은 친구들과 우정을 나눌 수 있다. 주말 어느 날 서울과 인천에서 살고 있는 친구들에게서 전화가 왔다. SNS에 자주 올린 주말농장 활동 사진을 보고 직접 방문하고 싶다는 것이다. 친구들의 방문 소식에 기쁜 마음으로 음식을 준비했다. 친구들이 오면 작물을 재배하는 텃밭과 시민농장을 소개해주고 원두막에서 점심을 먹을 계획을 세웠다. 점심으로는 백숙을 준비했다. 아침 일찍 닭과 한약재를 사서 집에서 1차로 백숙을 끓였다. 친구들이 오면 원두막에서 준비된 백숙을 간단히 데워서 먹으면 좋을 것 같다.

친구들은 12시가 돼서 도착했다. 친구들과 가족은 당수동 시민농장으로 이동했다. 이동하는 길에 '논놀이터'와 '공동텃밭'을 안내해줬다. 시골에서 자란 친구들도 도시 농사에 깊은 감명을 받았다. 어린 시절 농사일을 도와주던 힘들었던 이야기를 주고받으며 추억의 시간을 가졌다. 공동체로 운영하는 논과 텃밭을 구경하고 시민농장에 도착해 원두막에 자리를 잡았다. 친구들은 드넓게 펼쳐진 주말농장과 코스모스 경관에 감탄했다. 원두막에서 준비해 온 음식을 먹으며 여유로운 오후를 즐겼다. 친구들도 경치 좋은 곳에서 맛있는 백숙을 먹으니 너무 좋단다. 매일 시간에 쫓기는 바쁜 도시생활에서 오늘처럼 힐링하는 것은 처음이란다. 도시농업을 계기로 멀리서 친구들이 찾아와서 기뻤고 친구들과 즐거운 시간을 보낼 수 있어 정말 좋았다.

마음의 정화 _____

도시농업은 생업으로 농사를 짓고 있는 농업인에게는 하찮게 보일 수 있다. 매일매일 농사를 짓는 것도 아니고 일주일에 한 번 와서 1~2시간 일하고 농사를 짓는다고 생색을 내니 말이다. 일주일 한 번 오는 것도 힘들어서 관리가 되지 않아 무성하게 자란 잡초밭도 많다. 도시생활을 하는 도시민들에게는 일주일 한 번 찾는 주말농장도 대단한 결심으로 진행된다. 주중에는 회사나 생업활동 때문에 자유롭지 않고 주말이면 많은 일정에 시간이 없다. 일주일에 1~2시간 텃밭 가꾸기에 할애할 여유가 없다. 그러니 주말농장 하는 사람이 조금 게을러서 텃밭에 풀이 무성해도 이해해줘야 한다. 없는 시간에 도시농업을 결심하고 시간을 쪼개 텃밭을 가꾼다.

도시농업을 접하는 이유는 안전한 농산물을 얻고 여가 취미 활동을 위해서라고 할 수 있다. 도시농업은 힐링이 되고, 이웃 사람을 사귀고, 자녀 교육 체험이 되고, 바쁜 도시생활에 여유를 주고, 지친 심신을 달래줄 수 있다. 도시농업을 생각한 자체만으로도 이미 마음의 정화에 영향을 준다. 혹시 기회가 된다면 한 번쯤은 도시농업을 실천해보길 권한다.

도시농업과 실제 농업의 차이점 _____

복잡한 도시에서 농사를 짓는 것은 신기하고 즐거운 일이다. 도시농업을 하는 사람들의 직업과 연령대도 다양하다. 도시농업과 실제 농업 방식에는 차이점이 있다.

첫째는 작업 시간이 다르다. 실제로 농사를 짓는 농업인은 새벽부터 밤늦도록 텃밭에서 일한다. 이것과 비교하면 도시농업인은 일주일에 한 번 1~2시간 정도 일한다. 매일 텃밭을 가꾸지 못하기 때문에 작물 생육 상태가 고르지 못하다. 수확물을 수확하는 시기도 적기에 하지 못해 너무 커서 품질이 떨어진다. 하지만 직접 키우는 것이다 보니 못생겨도 버리지 않고 잘 먹는다.

둘째는 생계수단이 아닌 여가 활동이라는 점이다. 도시농업인은 규모도 작고 여가를 활용해 농사를 짓는다. 재배한 농산물의 수확량에 관심이 있는 것이 아니라 재배하는 과정을 중요시한다. 재배과정의 즐거움과 노력을 소중하게 생각한다. 잡초가 많아도 작물에 병해충이 있어도 조바심 없이 배려하며 농사를 짓는다.

셋째는 농사를 짓는 데 필요한 도구다. 농업인에게는 다양한 농기구가 필요하지만 도시농업인은 호미 한 자루와 스마트폰만 있으면 된다. 호미는 작은 면적의 텃밭농사를 짓는 데 최적의 농기구다. 호미 한 자루로 이랑도 만들고 잡초제거와 수확을 한다. 호미 다음으로 필요한 것은 스마트폰이다. 스마트폰을 이용해 작물을 재배하는 동안에 생육 과정과 작물 상태를 사진 찍어 SNS에 올린다. 도시농업인에게 스마트폰은 필수다.

넷째는 재배 품목이다. 전문 농업인은 단일품목을 대량 재배한다. 도시농업인은 좁은 면적에 다품목 소량 재배를 한다. 텃밭에 품목당 2~3포기씩 심어서 재배한다. 다양한 품목을 심다 보니 작물관리에 어려움이 있다. 작물은 채소류 같은 먹는 작물이 우선시 되나 꽃을 심어 관상용으로 활용하기도 한다.

다섯째는 작업 시간대다. 농업인은 해가 뜨면 날씨가 더워지기 때문에 일반적으로 새벽 시간대를 이용해 작업한다. 도시농업인은 주말에 늦잠을 자고 늦은 아침을 먹고 11시 정도 나와서 일을 한다. 이 시간대에는 햇볕이 너무 강해서 일반 농업인은 휴식을 취하는 시간대다. 도시농업인은 주말에 한 번 작업하기 때문에 뜨거운 뙤약볕에서 땀을 흘리며 일한다.

여섯째는 소량 재배하기 때문에 도시농업은 친환경 재배를 한다. 벌레도 손으로 잡아주고, 진딧물도 칫솔로 비눗물을 묻혀서 제거한다. 거름으로 화학비료보다는 친환경 자재를 직접 만들어 쓰기도 한다. 대표적인 것이 소변액비다. 소변액비는 플라스틱병에 소변을 모아서 1주일 정도 발효시켜 사용하면 효과가 있다. 도시농업은 친환경 재배를 하는 사람이 많다.

이와 같이 도시농업은 일반농업과 많은 차이점이 있다. 도시농업을 함으로써 새로운 가치를 얻을 수 있다. 도시농업은 참여하는 과정도 즐거운 일이다. 아무리 적은 평수인 텃밭 가꾸기를 해도 기본적인 작물 재배 지식은 필요하다. 작물 재배방식을 제대로 알고 재배를 해야 농업의 즐거움을 누릴 수 있다.

더불어 사는 삶

　농경사회에서는 마을 중심의 공동체가 발달했다. 마을 구성원의 대다수가 농업에 종사한다. 농업은 혼자 하기 힘들며 서로 돕고 협력해야만 한다. 농업 중심인 전통적인 마을은 함께 일하고 더불어 살아가는 생활 공동체였다. 산업화가 급진전해 도시가 발달하고 농촌이 축소되면서 마을의 공동체 기능은 쇠퇴했다. 마을 기능이 상실되면서 공동체 의식보다는 개별화된 사고가 늘어났다. 개별화된 생활은 사회적으로 많은 문제점으로 나타났다. 삭막한 도시생활과 문제점의 해결방안으로 도시농업이 제안된다. 텃밭이라는 공간에서 주민들의 자발적인 참여로 서로 관계를 맺어간다. 도시농업으로 이웃 주민과 소통하고 더불어 살아가는 예전의 마을 공동체와 같은 기능을 수행하는 공동체로 발전하고 있다.

이웃과 소통하기 _____

　현대인의 생활은 너무 바쁘고 외롭다. 이웃 사람들과 소통 부재에 따른 활동 범위도 한정적이다. 가족과 보내는 시간보다 직장에서 보내는 시간이 더 많다. 직장 동료 간의 만남과 원만한 관계도 중요하지만 타 분야의 사람들과도 소통이 필요하다. 이웃과 소통하고 교류한다는 것은 활동 범위를 넓히는 것이다. 가족과 직장 동료에 한정했던 생활을 폭넓게 이웃 사람들과 교류하며 지낸다. 직업적인 업무 외의 취미 활동인 배드민턴, 조기축구, 자전거 타기, 등산과 같은 각종 동호회 활동으로 대인관계를 맺을 수 있다. 하지만 동호회 활동은 가족들의 희생이 따른다. 운동이 끝나면 동호회 회원들끼리 뒷풀이를 통해서 더욱 친하게 지내며 교류한다. 주말 아침에 조기축구회를 나가면 나머지 가족들은 오전 내내 아빠를 기다려야 한다. 개인적으로 좋아하는 운동도 하며 많은 사람과 교류해 좋겠지만 가족들은 불만이 생긴다. 불만 있는 가족들의 눈치에 맘 편하게 동호회 활동을 하기 어렵다.

　다른 방법으로는 요즘 활발하게 번지고 있는 소셜네트워크서비스^{SNS}의 친구 맺기로 대인관계를 넓힐 수 있다. 우리가 만나는 페이스북, 트위터, 카카오톡, 인스타그램, 밴드와 같은 SNS 종류도 다양하다. 주제별로 그룹을 이룰 수 있고 일상생활을 게재하기도 한다. 간혹 일상생활의 게재에 따른 문제점도 많이 발생하지만, 네트워크상에서 소통하며 격려와 힘을 실어주기도 한다. 필자도 페이스북 활동을 열심히 한다. 페이스북을 통해서 도시농업 활동사진을 자주 올린다. 누구에게 자랑하고 싶어서가 아니다. 주말농장에서 작물 재배의 활동이나 사진을 공유하고 공감을 얻는 것이다. 관심 분야와 주제가 통하는 사람들끼리 친구를 맺고 근황을 공유한다. 실제로 만나서 지내는 사람보다 이해해주고 친근감이 가는 사람을 만나기도 한다. 예전에는 전화를 걸거나 만나서 이야기하며 근황을 알았는데 이제는 SNS를 통해서 친구의 생활을 알 수 있다. 오랜만에 만나도 엊그제 만났던 것처럼 친근감이 든다. 문제는 사생활이 너무 노출돼 힘들 때가 있다는 것이다. 가족 간의 대화가 적어지고 어떤 때는 가족의 소식을 SNS를 통해서 알게 되기도 한다.

이처럼 동호회나 SNS를 통한 이웃과의 소통에는 한계가 있다. 동호회 활동은 가족 모두 참여가 아닌 혼자만의 활동이다. 가족의 희생을 요구하며 혼자만 활동하는 것은 바람직하지 않다. SNS의 경우에는 모임이나 단체 정보를 공유하고 전달에는 효과적이지만 대화를 단절하는 역효과를 낼 수 있다. SNS는 사회적인 문제로 이슈화돼 지적되기도 한다. 바쁘고 스트레스 많은 현대인의 삶에서 취미 활동을 하면서 이웃과 소통하며 지내는 것은 매우 중요하다. 정보통신의 기술 발달에 따라 일상생활은 너무 많이 변했다. 스마트 시대의 현실을 부정하는 것은 아니지만 디지털과 아날로그적인 일상의 조화가 필요하다.

이웃과의 소통과 행복한 가정을 유지하는 방법에 대해 많은 고민을 했다. 매일 회사와 집만 오가다 보니 가족과 회사 사람들과만 교류한다. 가족 이외는 친근감이 가고 아는 사람이 없다. 예전처럼 이웃과 어울리며 즐겁게 살고 싶었다. 서로에게 부담을 주지 않으면서 소통하고 교류할 수 있기를 희망했다. 하지만 도시에서 현관문만 닫으면 사람을 만날 수 없다. 옆집에 누가 사는지도 관심이 없다. 길거리의 사람들은 말 걸기가 무섭다. 각자 급하게 목적지를 향해 발걸음을 재촉한다. 도시의 사람들은 많지만 정작 대화를 나누고 소통할 사람을 찾기는 쉽지 않다. 학교 다닐 때와는 다르게 사회생활에서 순수한 친구를 만나는 것은 어렵다. 일반적으로 사무적인 만남이거나 특정한 목적을 가지고 만나는 경우가 대부분이다. '군중 속에 고독'이라고 했던가. 도시생활에서도 서로를 이해하고 나 혼자만이 아니라 이웃과 함께 더불어 살아갔으면 좋겠다.

풍물 배우기 _____

어느 날 아파트 게시판에 '풍물 배우기' 수강생 모집 광고가 붙었다. 별도의 수강료가 없이 처음 3개월을 배워보고 적성에 맞으면 회원으로 가입해 월 회비 2만 원씩 내면 된다. 강의 시간도 매주 수요일 오후 7시부터 9시까지 2시간씩 강습한다. 매일 회사만 오가던 나에게는 절호의 기회였다. 그렇지 않아도 무엇인가 배울 것을 찾고 있었는데 말이다. 광고지 하단의 연락처로 전화해 수강신청을 했다. 풍물을 가르쳐주는 단체는 '칠보농악전수회'였다. 칠보산마을의 전통 농악을 발굴해 그 맥을 이어가기 위해서 단체를 만들어 활동하고 있다. 수원지역에서는 칠보농악이 유명했다고 한다. 풍물의 다른 말은 '농악'이다. 농악이란 농사일을 하면서 주로 했던 음악이다. 요즘은 '풍물'이라고 정식명칭을 사용한다. 우리나라의 전통 가락인 풍물을 널리 알린 것은 '김덕수 사물놀이패'다.

4차 산업혁명 시대, 도시농업 힐링

동네잔치와 농사일을 할 때면 흥겹게 울려 퍼지는 것이 풍물 가락이다.

매주 수요일에는 회사에 급하게 처리할 일이 없으면 일찍 퇴근해 풍물을 배웠다. 풍물에는 꽹과리, 장구, 징, 북, 4가지 주요 악기가 있다. 처음에 경쾌한 꽹과리를 배우고 싶었으나 강사가 장구를 권했다. 풍물의 가장 기본이 장구란다. 수강생들은 10여 명 됐으며 강사의 장단에 맞춰 울려 퍼지는 장구 소리는 심장까지 전달됐다. 두 시간 동안의 흥겨운 장구 소리에 피로와 스트레스가 사라졌다. 매주 배우는 우리나라 전통 가락이 너무 재미있고 기다려졌다. 새로운 악기를 다룬다는 것은 연습과 재능이 필요하다. 특히 꾸준한 연습이 중요하다. 하지만 장구가 집에 없고 아파트에서 장구 소리를 내기에는 어려운 점이 많아 연습할 수 없었다. 일주일에 강습소 가서 2시간 하는 것이 전부였다. 연습이 부족하고 음악적 재능이 없어 따라가기가 쉽지 않았다. 그래서 3개월 배우고 도중에 그만두었다. 풍물 배우기는 그만두었지만 그때 많은 사람을 알게 됐다. 칠보산마을만들기라는 회원들이다. 마을만들기 사람들은 칠보 지역의 발전을 위해서 노력하는 봉사단체다. 풍물을 계기로 알게 된 마을만들기 단체 사람들과 다양한 봉사 활동을 했다.

지역공동체 활동

칠보산마을만들기 활동을 하면서 농업 분야의 접목을 시도했다. 첫 번째로 논에서 아이들이 놀면서 논농사를 배우는 '논놀이터'다. 논놀이터를 통해서 아이들은 벼 생육의 과정을 자연스럽게 습득하게 됐다. 내 손으로 직접 모내기를 하고 수확해 쌀을 얻을 수 있다. 한 달에 한두 번 벼농사 프로그램을 통해서 소중한 친구를 사귀고 이웃과 소통한다. 두 번째로는 공동텃밭 운영이었다. 30여 평의 텃밭을 분양받아 5명의 주민이 함께 가꿨다. 텃밭에는 채소보다는 국화와 같은 특용작물을 심었다. 공동 작업을 하면서 농업의 소중함을 알게 되고 작업 후에 함께 특별한 음식을 만들어 먹었다. 맛있는 음식을 먹으며 이웃과 더욱 친하게 지낼 수 있었다. 농업이라는 매개체로 자연스럽게 이웃과 함께 더불어 살아가는 것이다. 이유 없이 나만의 주장을 하지 않고 상대방을 이해하고 소통한다.

칠보산마을에서는 10여 년 전부터 지역공동체가 주축이 돼 매년 추석 전에 '강강술래' 전통놀이 행사를 한다. 10개 지역공동체 단체가 돌아가면서 준비위원회가 구성돼 진행한다. 2014년도에는 칠보산마을만들기 단체가 주축이 돼 진행했다. 그동안 풍물을 배워온 큰딸이 풍물패로 참석해 흥겹게 놀았다. 사실 나도 풍물을 배우기는 했으나 도중에 포기해 행사에는 풍물패 단원이 아닌 관객으로 참여했다. 강강술래 행사는 초등학교 운동장에서 진행했다. 아파트 주변에서 풍물패의 길놀이를 시작으로 운동장에 많은 사람이 모였다. 마을 주민들은 서로 손을 잡고 큰 원을 그리며 강강술래 노래를 불렀다. 무대 중앙에서 소리꾼의 선창에 따라 참가자들은 강강술래를 함께 부른다. 처음으로 접해본 강강술래 행사는 인상적이다. 지역공동체 활동이 활발한 마을에 살고 있다는 것에 감사했다.

주말농장을 7년 동안 계속하고 있다. 처음에는 우리 가족만 주말농장을 하다가 공동체 텃밭을 하게 됐다. 개별적으로 주말농장을 하는 것보다 마음이 맞는 사람들끼리 모여서 함께 텃밭을 가꾸는 것도 재미있다. 공동체 텃밭에서 생산된 농산물로 맛있는 음식을 만들어 먹으면서 이웃 간에 소통한다. 도시에서 이웃과 소통하는 방법으로는 도시농업만큼 좋은 매개체가 없다. 그동안 인사만 하고 지내던 사람을 공동체 텃밭을 통해서 오래전부터 알고 지낸 사람처럼 친근하게 지낸다. 텃밭에서 맺어진 인연은 인생을 살아가는 동안 계속된다.

삶의 활력소

필자 나이 이제 막 오십에 접어들었다. 요즘 100세 시대라고 하는 데 인생의 절반을 살았다. 인간은 태어나서 짧게는 20년 길게는 30여 년 동안 배운다. 정규과정인 유치원을 시작으로, 초등학교 6년, 중학교 3년, 고등학교 3년, 대학교 4년을 배운다. 대학을 졸업하는 나이는 23~24세다. 남자인 경우 군대 2년을 더해서 26세가 된다. 대학 졸업을 하고 취업을 바로 하면 좋겠지만, 요즘은 2~3년은 취업준비를 해야 한다. 100세 시대에 20~30년을 준비하는 것은 바람직한 모습이다. 사람은 태어나서 30년 동안 배우고, 30년 동안 일한다. 나머지는 40년은 경제적인 활동이 다소 어려운 또 다른 삶이 기다린다. 인생에서 편안하고 여유 있는 시기이기도 하지만 경제적으로 가장 힘든 시기가 될 수도 있다.

반복되고 무의미한 생활 _____

필자는 대학을 졸업하고 대학원 석사과정 2년과 박사과정 3년을 더 공부했다. 일본에서 박사학위를 취득하고 국내로 돌아와 나이 35세에 직장생활을 시작했다. 30여 년 동안 배우고 취직을 했건만 직장에서도 배움은 계속됐다. 처음 1~2년은 회사 적응에 정신없이 보냈던 것 같다. 회사에 적응하고 나서도 열정적이고 헌신적으로 일했다. 일이 많아서 야근도 많이 했고 결혼기념일에 출장을 가기도 했다. 직장생활이 안정되고 업무가 익숙해지는 10년 차에 고비가 왔다. 매일 반복되는 생활에 힘들고 삶의 의미를 찾을 수 없었다. 삶에 활력이 없고 지루한 느낌이 들었다. 가족의 생계를 위해서 열심히 앞만 보고 달렸다. 성실한 꿀벌처럼 매일매일 회사를 오갔던 것 같다. 그렇다고 가족과 가정에 충실한 것도 아니었다. 많은 업무에 야근하는 날이 많아 가족 간의 대화도 많지 않았다. 회사에 가지 않는 주말이면 일주일 동안 지친 피로를 풀기 위해서 늦잠을 잤다. 늦잠을 자다 보니 가족들과 야외 나들이도 쉽지 않았다. 그저 주말은 다음 주를 위해서 집에서 쉬는 날로 기억된다. 이렇게 반복되고 무의미한 생활에 끌려다녔다. 무엇인가 특별한 삶의 변화가 필요했다.

삶에 활력을 준 주말농장 _____

필자에게도 활력소가 되고 가족에게 도움이 되는 것이 필요했다. 아침에 일어나서 회사에 가고 밤늦게까지 야근하고 돌아와 잠을 잔다. 다시 아침에 출근하는 반복적인 생활이 싫어졌다. 삶에 변화를 주고 싶어서 시작한 것이 주말농장이다. 때마침 아이들도 초등학교 저학년이어서 식물 재배에 관심이 많은 시기였다. 매주 주말에 텃밭에 나가는 것을 너무나 좋아했다. 텃밭에서 작물 이름을 알아가고 벌레를 잡아서 닭모이로 주고, 주말농장은 도시에서는 볼 수 없는 색다른 놀이터였다. 특히, 고구마를 수확하는 재미는 이루 말할 수 없다. 고구마에 상처가 날까 걱정돼 조심조심 신중하게 호미질하는 아이들을 보면 대견스럽다. 오이나 토마토가 열리기 위해서는 꽃이 피고 벌이 꽃가루를 묻혀줘야 한다는 이치를 스스로 깨달았다. 식물의 생육과정을 귀찮게 외울 필요가 없었다. 텃밭 활동을 통해 자연스럽게 습득했다.

텃밭에서 땅을 파고 작물을 재배하다 보면 땀으로 범벅이 된다. 더운 여름 빼고는 좀처럼 땀을 흘리지 않던 필자도 주말이면 텃밭에서 일광욕을 하고 땀을 흘린다. 땀을 흘리면 왠지 기분이 좋아진다. 도시생활과 사무실 근무에 햇볕을 받지 못해 하얗던 피부는 검게 그을렸다. 텃밭에서 갓 수확해 온 채소들은 싱싱하고 직접 재배한 것이어서 더욱 맛있다. 오이를 먹지 않았던 아이들도 텃밭에서 수확한 오이를 씻지도 않고 맛깔스럽게 먹는다. 주말농장은 필자는 물론 아이들에게도 좋은 경험과 즐거움을 주었다.

도시농업 업무

주말농장 6년째인 2017년에는 필자에게 행운이 찾아왔다. 회사 내부의 조직 개편과 직원 인사에 따라 도시농업 업무를 맡게 됐다. 도시농업에 관심을 갖고 주말 농장을 실천하던 차에 좋은 기회가 온 것이다. 우리나라의 도시농업에 대한 정책지원과 교육, 홍보 업무를 지원했다. 특히, '도시농업 육성 및 지원에 관한 법률'에 관한 개정으로 도시농업의 범위가 확대됐다. 도시농업 전문가를 양성하기 위해서 '도시농업관리사' 자격증 제도를 도입했다. 그동안 어린 시절 시골에서의 농사 경험을 바탕으로 주말농장을 추진해왔다. 도시농업 업무를 맡으면서 도시농업 전반적인 분야에 대해 자세하게 알게 됐다. 활발한 도시농업을 위해서는 도시농업지원센터와 전문가 양성기관의 역할이 중요하다. 텃밭 조성과 운영관리에 도시민의 참여를 확대했다. 2017년 9월 처음으로 시행되는 도시농업관리사 제도에 많은 관심과 호응을 얻었다. 도시농업 업무를 진행하면서 도시생활에 있어서 도시농업은 꼭 필요하다는 것을 확신했다. 4차 산업혁명 시대에 도시농업은 더욱 관심을 끌 것이다.

노후 생활

아직 정년퇴임까지는 약 10여 년의 시간적인 여유가 있다. 물론 60세까지 회사를 무사히 잘 다닌다면 말이다. 정년퇴임 후의 삶에 대해 고민할 시기다. 이른 감도 있지만, 직장인이라면 누구나 한 번쯤은 생각했을 것이다. 그동안의 주말농장 경험과 도시농업 업무를 진행하면서 얻은 결론은 노후에 추진해도 좋을 것 같다는 것이다. 60세 이후에는 돈보다는 건강을 우선시하고 인생을 즐기며 주위 사람과 소통할 수 있는 일을 하는 것이 좋다. 노후에도 이웃과 소통하며 즐길 수 있는 일은 바로 도시농업이다. 도시농업을 통해서 미래 세대에 농업의 중요성을 알리고 실제 텃밭 체험의 기회를 제공한다. 도시농업을 매개체로 해 도시민이 서로 소통하고 교류하면서 따뜻하고 정감 있는 삶을 살아갈 수 있다. 삭막하고 바쁜 도시생활에서 벗어나 휴식과 힐링을 제공해줄 수 있다. 필자는 도시민의 커뮤니티 공간인 도시텃밭을 운영하고 싶다. 도시농업을 실천하기 위해서 여러 가지 준비와 배움이 필요하다.

새로운 작물 실험 _____

매년 주말농장에 작물을 실험적으로 심어본다. 2년 전에는 50여 평의 텃밭을 임대해 삼채를 재배했다. 삼채는 외래종으로 히말라야 고산지대에서 재배 및 자생하는 작물이다. 삼채는 사포닌과 식이유황이 풍부해 피를 맑게 해주고 항암 작용, 면역력 증가, 고혈압, 당뇨, 고지혈증, 염증에 효과가 있다. 잎과 뿌리를 먹는 작물이며 건조해 분말로 만들어 장기간 보관해 섭취할 수 있다. 직장을 다니면서 넓은 면적에서 삼채를 재배하기란 쉽지가 않았다. 출근 전에 삼채밭에 나가서 잡초를 뽑고 관리했다. 퇴근 후에 밤늦도록 가로등 불빛 아래서 삼채 잎을 베어 씻어서 건조기에 말렸다. 주말이면 가족 모두 삼채밭에 나가서 삼채

뿌리를 수확했다. 실험 재배한 삼채는 잘돼서 많은 수확물을 지인들에게 나눠줬다. 넓은 면적에 삼채를 심어서 고생은 했지만 작물 재배관리에 대해서 상세하게 알 수 있었다. 기능성 작물인 삼채는 이제 자신 있게 재배할 수 있다.

막걸리 만들기

농사일을 하면서 즐겨 마시는 술이 막걸리다. 전통적으로 농사일과 막걸리는 잘 어울린다. 고된 논농사를 하면서 잠시 쉬는 시간에 논두렁에서 마시는 시원한 막걸리 한 사발은 별미다. 막걸리 만드는 원료가 쌀이다 보니 잠시 배고픔도 달래준다. 시중에서 팔고 있는 막걸리도 맛은 있지만 직접 막걸리를 만들어 먹는 것도 즐거움이다. 농사일 도중에 새참으로 나눌 수 있는 막걸리를 마시며 이웃과 즐거운 시간을 보낼 수 있다. 아무래도 술이 들어가다 보면 서로 쉽게 친해진다. 향후 도시농업을 할 때 함께 마실 수 있는 막걸리 만드는 법을 배웠다. 전통주를 만들기 위해서는 쌀과 누룩, 물이 필요하다. 쌀로 고두밥을 지어 누룩과 섞어서 항아리에 넣고 물을 부어서 한 달 정도 발효를 시켜 술을 거른다. 빚어진 술의 종류는 용수에 걸러진 맑은 색깔의 청주, 술지게미를 거른 탁주, 탁주에 물을 희석한 막걸리로 구분된다. 첨가제를 전혀 넣지 않고 직접 만들어서 먹는 전통주는 정말 맛있다. 시중에서 판매되는 막걸리와 맛이 다르다.

도시농업관리사 자격증 _____

도시농업을 주먹구구식으로 해도 되지만 전문성을 갖출 필요가 있다. 도시농업에 대한 이론과 풍부한 경험은 중요한 지식이 된다. 도시농업에 처음 입문하는 사람들에게 체계적으로 교육할 수 있다. 작물의 재배관리부터 도시농업으로 이웃과 소통하며 즐거운 인생을 살 수 있도록 소개해준다. 도시농업에 대해서 전문가로 인정하는 자격증을 2017년 도입했다. 도시농업관리사 자격증을 취득하면 텃밭 지도요원이나 학교텃밭이나 복지텃밭 강사로 활동한다. 자격증을 준비하는 기간도 1~2년이 소요된다. 도시농업 전문가과정을 6개월 동안 수강하고 관련 국가기술자격증을 따기 위해 밤늦도록 수험서를 공부했다. 주말에 1차 이론시험과 2차 실기시험을 봤다. 오랜만에 시험준비에 밤잠을 설치면서 힘들었지만, 자격증을 취득할 때 기분은 좋았다.

미래에 자기가 하고 싶은 것을 위해서 노력하는 모습이 아름답다. 매일 바쁜 시간에 쫓기며 생활하지만 하고 싶은 일에 시간을 투자해야 한다. 매일 반복되는 생활이 변하고 하루하루가 활력이 넘친다. 시간이 흐를수록 노력하는 분야에서는 전문가가 된다. 필자에게는 지루하고 삭막했던 도시생활에 활력소를 불어넣어 준 것은 도시농업이었다. 실제로 주말농장을 실천하면서 작물의 재배관리법을 익히고 활력 있는 생활을 했다. 매일 반복되는 일상에서 미래의 즐거운 생활을 위해서 자기 주도적인 삶을 개척할 필요가 있다. 현재에 충실하며 미래를 대비하면서 적극적이고 활동적인 삶을 살아야 한다. 우리의 삶은 자기 자신이 어떻게 마음을 먹느냐에 달렸다.

도시민과 농업인의 상생

농업은 국민의 식량을 책임지는 중요한 역할을 한다. 식량 자급률이 낮은 우리나라는 수입 농산물에 의존한 불안전한 먹거리 위협에 노출돼 있다. 식량 안보 측면에서 국민이 불안한 상황이다. 농업은 다른 산업에 밀려서 사양산업으로 취급되고 있다. 농업이 축소된다면 농업의 다원적 가치를 회복하기 위해 막대한 비용을 치러야 한다. 농업은 심각한 위험에 직면해 있고 국민은 무관심하다. 농업의 무역자유화에 따른 수출이익 중심의 경제교역으로 농업 분야가 희생돼 농업은 더욱 어려운 실정이다.

자유무역협정 FTAFree Trade Agreement는 회원국 간 상품 서비스 투자 지재권 정부조달 등에 대한 관세 비관세 장벽을 완화해 상호 교역 증진을 도모하는 특혜무역협정을 의미하며 특히 관세철폐에 주요 초

점이 맞춰져 있습니다. 2018년 1월 기준 WTO를 통해 파악된 지역무역협정FTA 발효 건수는 455건이며. 이 가운데 상품무역을 다룬 자유무역협정FTA이 251건으로 가장 많은 비중을 차지하고 있습니다. 시기별로 보면 지역무역협정은 1995년 WTO 출범 이후 급증하기 시작해 전체 455건의 협정 중 95년 이후에만 전체의 89.0%에 해당하는 405건이 발효된 것으로 파악되고 있습니다.

— FTA종합포털서비스http://www.fta.go.kr —

고품질의 안전한 농산물 생산 _____

우리나라의 최초 자유무역협정 FTA는 한국과 칠레다. 한국과 칠레의 가장 이슈화가 됐던 품목은 포도다. 2002년 농민들의 엄청난 반발에도 국익을 위한 선택으로 협정이 체결된다. 이와 같이 FTA는 국가 간 협정으로 2018년 5월 기준으로 FTA 15개로 총 52개 국가와 협정이 발효 중이다. 주요 국가들은 칠레, 싱가포르, EFTA 4개국, ASEAN 10개국, 인도, EU, 페루, 미국과 같은 국가다. 국가 간의 무역협정이 진행되면 될수록 농산물의 수입은 늘어날 것이다. 현재도 어려운 현실에 있는 국내 농업의 대응 방안이 요구된다. 국민의 식탁안전을 위해서 안전한 농산물의 공급체계 확보가 우선돼야 한다. 우리나라 농업은 경쟁력을 키워야 한다. 농업 생산성을 높이고 고품질의 안전한 농산물을 생산해 공급해야 한다.

국민의 건강과 농업의 다원성을 유지해야 한다. 친환경 농업 확산과 농업 생산방식의 변경을 검토할 필요가 있다. 과거 농업 생산성을 높이기 위한 관행 농업에서 벗어나야 한다. 안전한 농산물을 생산하기 위한 친환경 재배방식과 효율적인 농업을 해야 한다. 안전한 농산물을 생산할 수 있는 유통체계가 확보돼야 한다. 비록 생산량은 적고 재배관리가 어렵지만 자부심을 갖고 안전한 농산물을 생산하는 지속적인 농업이 필요하다. 농업에 대한 관심이 농업인에 한정되지 않고 전체 국민이 공감할 수 있어야 한다. 도시민과 농업인에 대한 소통과 교류가 활발하게 이뤄져야 한다.

도시와 농촌의 상생 _____

정부는 도시와 농촌이 더불어 잘 사는 사회를 만들기 위해 2004년 '1사1촌^{기업 하나와 마을 하나가 결연}' 운동을 범국민운동으로 확산하기 위해 노력했다. 농협, 전경련, 지자체, 소비자단체, 관련 단체가 참여해 농업과 농촌문제에 대한 범국민적 이해와 토대를 마련했다. 정부와 지자체는 각종 사업과 연계해 홍보와 교육 및 제도개선을 지원한다. 기업과 농촌을 연결하는 네트워크를 구축하고 지속적인 관계를 유지해야 한다. 기업과 단체는 특화된 역량을 활용해 농촌 마을과 교류한다. 참여단체와 농촌 마을이 자매 결연을 맺어 도시와 농촌이 함께 잘 사는 도농 상생의 새로운 가치를 만든다. 참여단체는 지속적인 농촌일손 돕기 참여와 교류 활동으로 농업을 이해한다. 농촌 마을은 생산 농산물의 유통확보에 따른 소득 향상이 기대된다. 도시와 농촌이 상생을 위해 노력한 좋은 방법이라 할 수 있다.

농산물의 유통은 전통적인 중간도매상을 거치는 방법과 생산자와 소비자의 직거래방식이 있다. 최근에는 직거래방식이 활발하다. 얼굴 있는 농산물 소비란 슬로건으로 로컬푸드가 활발하게 추진되고 있다. 로컬푸드는 원거리 농산물 수송으로 발생하는 탄소량을 줄이는 운동으로 시작됐다. 단위 지역 내에서 생산과 소비가 이뤄져 탄소량도 줄이고 생산자와 소비자 모두에게 도움이 된다. 로컬푸드의 장점 중 하나가 작은 규모의 농업을 하는 소농의 농산물 판로 확장이다. 도매시장이나 마트에 납품하는 농업인은 규모가 큰 농사를 짓는다. 반면 작은 규모의 농사를 짓는 농업인은 농산물 판로에 어려움이 많다. 로컬푸드 직매장은 그 지역의 농업인이 당일 생산한 농산물을 판매장에 진열해 놓으면 소비자가 생산자를 확인하고 농산물을 구입한다. 생산자는 농산물의 판매 걱정이 없고 소비자는 안전하고 싱싱한 농산물을 얻는다. 로컬푸드 판매장은 신선한 채소 외에도 농산물 가공품과 특산품을 판매하기도 한다. 농산물 판매금액은 2주 또는 매월 정산돼 생산자에게 지급된다. 대표적인 모델이 완주군의 로컬푸드 직매장이다. 완주군에서 생산한 농산물을 완주군과 인근 배후도시인 전주시의 소비자들에게 공급한다.

농산물 직거래 장터

　지역축제나 큰 행사가 개최될 때면 '농산물 직거래 장터'는 인기가 높다. 농산물을 직접 재배한 농가가 준비된 부스에서 소비자에게 직접 판매한다. 단순히 농산물만 파는 것이 아니라 생산과정과 요리법에 대해서도 친절하게 이야기한다. 소비자는 마트에서 농산물을 사는 것보다 정감 있는 생산자에게 직접 살 수 있다. 농산물을 생산하는 농업인과 인연이 돼 지속적으로 연중 농산물을 공급받기도 한다. 서울에서 농업인과의 소통과 교류를 추구하며 도시민과 만남이 되는 장터가 있다. 그것은 대화하는 농부시장 '마르쉐@'다. 매월 정기적으로 대학로 마로니에 공원과 성수동 서울의 숲 앞에서 번갈아 열린다. 농부들은 직접 재배하고 수확한 농산물과 가공품을 판매한다. 요리사는 제철 농산물을 이용해 맛있는 레시피의 요리를 선보인다. 소비자는 농산물의 재배과정을 생산자에게 직접 들을 수 있다. 도시민들에게 농업에 대한 중요성과 친환경적인 생활방식을 전달할 수 있어 좋다. 이처럼 농업에 대해서 한 번 더 생각하고 이해할 수 있는 프로그램이 필요하다.

　사회적 농업은 농업의 여러 장점을 활용해 노인·장애인 등 사회 취약계층에게 재활, 교육, 돌봄 등의 서비스를 제공한다. 인터넷 중독 청소년, 다문화 여성, 범죄 피해 가족 등이 농촌에서 지역 주민과 함께 생산 활동을 하며 사회적응과 자립을 할 수 있도록 돕기도 한다. 농촌이라는 지역공동체와 농업이라는 경제적 수단을 활용해 궁극적으로는 사회 통합Social Inclusion을 실현하는 것이다.

-'함께 살아가는 가치, 사회적 농업에서 찾다',

〈중앙일보〉, 2018.05.28. -

농업의 장점을 살려서 사회적 농업으로 도시와 농촌 상생의 답을 찾는다. 도시농업으로 소외계층의 재활치료나 생활의 기회를 주는 역할을 한다. 장애인, 노인, 범죄 피해 가족 등 사회적 소외계층이 농업 활동을 통해서 본연의 모습으로 회복하는 것이 '사회적 농업Social Farming'이다. 사회적 농업을 통해서 사회적 약자는 물론 국민 정서 함양에 영향을 준다. 인구감소와 고령화로 농촌의 경제는 악화되고 있다. 농촌 인구감소와 경제적인 쇠퇴로 농촌복지는 많은 문제가 발생한다. 예전에 쉽게 찾아볼 수 있었던 식료품점, 이미용실, 목욕탕 등 상업적 시설이 줄어든다. 농촌지역에서는 머리를 깎거나 목욕을 하기 위해서는 버스로 30~40분을 나가야만 한다. 인구가 적은 곳에서 농촌 삶의 질 향상을 위해서는 새로운 가치의 적용이 필요하다.

다양한 사회적 농업 _____

사회적 기업의 대표적인 사례를 소개한다. 충청남도 홍성군에는 생미식당이 있다. 바쁜 농사철에 밥을 챙겨 먹을 수 있는 곳이다. 지역민은 밥값이 5,000원이고, 외지인은 7,000원을 받는다. 농촌지역 주민을 우선으로 해 차린 식당이지만 점차 입소문에 외지인들이 즐겨 찾는 곳이다. 식당의 활발한 성업으로 농촌의 경제가 살아나고 활력이 넘친다. 생미식당 외에 사회적 농업 실천 농장인 '행복농장'이 있다. 행복농장은 만성정신질환자, 장애인 등의 재활을 목적으로 운영된다. 1,000평 정도의 비닐온실에서 허브류와 꽃, 상추를 재배한다. 농작물의 재배과정을 통해서 자연스럽게 재활치료를 받고 있다. 농촌의 자녀교육에 관심을 갖고 방과 후 교육 프로그램 사례도 있다. 전라북도 장수군 하늘소 마을은 젊은 연령대의 귀농인이 모여 사는 곳이다. 농가와 협동조합원의 전문분야 재능을 살려서 방과 후 프로그램을 운영하고 있다. 방과 후 교육지원과 다양한 문화 활동을 통해서 장수군 지역에 교육기회를 제공한다. 농작물의 생산만을 목표로 하지 않고 다양한 사회적 농업을 통해서 농촌지역의 삶의 질을 높일 수 있다. 예전과 같은 활기 있고 풍족한 농촌지역의 발전을 기대해본다.

도시농업 미래 전망

농업은 미래다

한국농촌경제연구원의 '농업 전망 2018 대회' 보고에 따르면 2018년 농업 생산액은 48조 9,680억 원으로 지난해보다 0.8% 증가할 것으로 전망했다. 농가 인구는 239만 명으로 전년 대비 2.1% 감소한다. 특히, 65세 이상 농가 인구 증가로 고령화 현상이 눈에 띄게 급증한다. FTA 영향, 원화 강세로 수입 증가와 수출 여건 악화로 농축산물 무역수지 적자는 전년보다 5.2% 감소할 전망이다. 국내적으로 어려운 여건과 국외로부터 거센 수입 농산물의 증가로 국내 농업이 어렵다. 안전한 농산물 공급과 지속적인 농업을 위한 노력이 요구된다. 농업의 중요성과 농업의 다원적 가치를 인식하고 농업 경쟁력을 키워야 한다. 예부터 관행적으로 해왔던 농업에서 벗어나야 한다. 2016년부터 사회적인 이슈로 4차 산업혁명이 거론되고 있다. 정부와 관련 단체에서는 '4차 산업혁명 시대에 대비해야 한다'고 말한다. 전반적인 사회문제로 이슈화되고 부정적인 면보다는 긍정적인 방향으로 준비할 필요가 있다. 농업 분야도 예외는 아니다. 농업 경쟁력을 키우는 방법으로 최근 4차 산업혁명이 주목받고 있다. 농업과 과학기술을 융복합한 혁신적인 미래 농업을 꿈꾼다.

스마트팜 보급 사업 추진

농림축산식품부는 2010년부터 스마트팜 보급 사업을 추진했다. 최근 스마트팜 확산에 따라 많은 농가가 손쉽고 여유롭게 온실에서 작물을 재배관리하고 생산하고 있다. 1960년대 백색혁명인 비닐온실이 보급되면서 농업소득은 10배 이상 증가했다. 노지 재배 대비 소득은 증가했으나 온실관리에 어려움이 많았다. 작물을 재배하는 기간에는 온실관리에 전념해야 한다. 작물은 한 번 치명적인 손상을 입으면 회복이 어렵다. 많은 초기 비용을 투자해 잘 키웠던 작물이 한순간의 관리 소홀로 죽는다면 농가 피해는 매우 크다.

비닐온실을 관리하기 위해서는 해뜨기 전에 온실 안의 환경관리를 위해서 창문을 열어줘야 한다. 한겨울에도 해가 뜨면 온실 내의 기온이 올라가고 습도가 높아져서 작물에 병해와 생육 장해가 발생한다. 작물이 잘 자랄 수 있도록 최적의 생육 환경을 제공해줘야 한다. 온실의 환기를 위해서 측창을 열 때도 한 번에 많이 열어서는 안 된다. 온실 창문을 조금씩 열어서 온실 내의 온도 변화를 최소화해야 한다. 보통 온실 창문을 열어주는 데 2~3시간이나 걸린다. 작물이 자라고 있는 동안에는 온실에서 항상 작물을 지켜봐야 한다. 이처럼 어려운 온실 재배관리를 위해 ICT 기술과 접목해 손쉽게 작물을 연중 생산할 수 있는 시스템이 '스마트팜'이다. 온실의 작물이 잘 자랄 수 있도록 최적 생육 모델링에 의해서 온실 환경은 자동으로 관리된다. 언제 어디서나 온실 내부의 작물 생육 모습과 환경 상태를 스마트폰으로 확인할 수 있다. 스마트팜 확산으로 농업인은 힘든 노동력과 작업 시간을 절감했고 생산 소득은 증가했다. 농업인은 여가 시간을 활용해 농업 관련 교육을 듣거나 취미 활동을 한다. 예전의 노동력 중심의 농촌에서 여가 생활과 취미 활동을 즐기는 농촌문화로 바뀌고 있다.

시설원예 스마트팜 보급 면적은 2014년 405헥타르$^{1ha\,=\,1만\,m^2}$였던 것이 2017년 4,010ha로 3년 전에 비해 10배 이상 증가했다. 축산 분야도 2014년 23농가보다 34배가 증가한 790농가에 적용했다. 농림축산식품부가 2017년 조사에서 스마트팜 도입 때 '농가의 생산성은 27.9% 향상, 고용노동비는 16.0% 감소, 병해충과 질병은 53.7% 감소한다'는 연구 결과를 발표했다. 현재 농촌지역의 고령화로 일손 부족과 농가소득 격차도 매우 크다. 농업 개방화로 농업 생산단지를 일정 규모 이상으로 조성해 농업 경쟁력을 높여야 한다. 대단위 규모의 시설 재배에 적합한 운영관리 체계가 스마트팜이다. 스마트팜의 보급확산으로 농업 생산량이 증가하고 농가소득이 많아지고 농업 경쟁력은 향상된다.

한국형 스마트팜 모델 연구 개발 _____

농촌진흥청은 한국형 스마트팜 모델을 단계적으로 연구, 개발하고 있다. 1단계는 온실 환경관리를 하기 위해서 많은 노동력과 시간을 줄여줄 수 있는 원격모니터링 및 제어관리다. 현재 농가에 보급하고 있는 스마트팜 모델의 기술이다. 2단계는 실시간의 생육 재배 환경정보와 농작업 경험치의 데이터를 빅데이터 분석과 AI 기법을 활용해 작물 재배관리 조치 내용을 실시간으로 알려준다. 농업인은 전달받은 작업 지시에 따라 온실을 관리하면 생산량이 많아지고 품질은 향상된다. 3단계는 온실 운영관리에 있어 복합에너지 관리와 국제표준화 적용으로 한국형 스마트 온실의 완성이다. 네덜란드나 유럽과 같은 해외 농업 선진국과 대등한 농업 경쟁력을 확보하기 위해서 노력하고 있다.

정보통신기술^{ICT} 접목한 미래 지능형 농장, 스마트팜 _____

스마트팜은 농업에 정보통신기술^{ICT}을 접목해 융복합한 지능화된 농장이다. 사물인터넷^{IoT : Internet of Things}으로 농작물의 재배 환경인 온도, 습도, 광, CO_2, 양액을 실시간 모니터링하고 작물의 최적 생육 모델에 맞게 시설 기기를 자동제어 관리한다. ICT 기반한 스마트팜의 운영관리는 노령층의 농업인보다는 젊은 세대가 습득이 빠르고 잘 적응한다. 4차 산업혁명은 젊은 세대의 농촌 유입과 농산업 분야가 발전할 수 있는 절호의 기회다. 농림축산식품부는 권역별 4곳에 '스마트팜 청년창업

보육센터'를 설치해 스마트팜 혁신 밸리를 조성하고 있다. 2022년까지 스마트팜 전문가 600명을 집중 육성할 계획이다. 청년창업 대상자는 만 18세 이상부터 40세 미만의 청년층 농업인이다. 교육 기간은 최대 20개월로 기초교육부터 경영 실습까지 전 과정을 교육받아 스마트팜 기술을 습득한다. 교육 기간 동안 직접 영농에 참여할 수 있도록 스마트팜 임대 농장도 제공한다. 청년 농업인 1인당 연 1%로 최대 30억 원까지 대출해주는 '청년농 스마트팜 종합자금' 프로그램도 운영한다. 스마트팜 혁신 밸리는 농촌임대주택, 문화 및 복지서비스와 같은 농촌 개발 사업과 연계해 청년 농업인의 빠른 정착을 지원한다.

시설 재배가 아닌 노지 재배의 경우 농업용 드론의 사용이 증가한다. 농업기술실용화재단에서 검정한 농업용 드론은 총 17개사 26개 모델이 있다. 농업용 드론 가격은 한 대당 1,000~4,000만 원으로 고가다. 농가가 농업용 드론을 구입할 때는 정부나 지자체에서 일부를 융자로 지원한다. 드론 구입 지원을 받기 위해서는 농업기술실용화재단에서 농업기계 검정에 통과한 농업용 드론 제품이어야 한다. 현재 드론을 주로 이용하는 작업은 농약 살포작업이다. 농작업 중에 가장 힘든 것이 농약 살포작업이다. 예전엔 농약을 살포하는 작업 도중에 노출돼 농약 중독환자가 많이 발생했다. 드론을 활용하면 그러한 위험이 줄어든다. 농약 방제 외에도 볍씨 뿌리기, 비료 살포하기, 작물 작황 상태 파악, 산불 진화와 같은 다양한 목적으로 이용 분야가 확대되고 있다.

스마트팜 해외 보급 _____

ICT 기술이 접목된 농업기술은 해외에 수출 및 지원을 한다. 코이카 KOICA는 동남아시아나 개발도상국을 대상으로 농업기술개발을 지원한다. 한 예로 2017년부터 5개년간 필리핀에 스마트팜 기술을 보급하는 지원사업을 하고 있다. 필리핀에 토마토 농가 400여 곳에 스마트팜 구축 및 재배기술교육을 지원한다. 필리핀 토마토 농가에 스마트팜 시설을 구축해 현재 3.3㎡당 5kg인 생산량을 토경 재배 20kg 이상, 양액 재배는 50kg 이상 생산량을 목표로 한다. 이처럼 과학기술이 접목된 농업기술은 국내 농가의 생산성 증가와 해외 진출에 따른 관련 기업의 성장을 기대한다. 우리나라는 50~60년대 해외 원조를 받던 나라에서 도움을 지원하는 국가로 위상이 높아졌다. 우리나라와 농업 환경이 유사한 동남아지역에 선진 농업기술의 전파는 큰 호응을 얻고 있다.

4차 산업혁명 시대의 농업은 많은 변화를 가져올 것이다. 예전의 관례 농업의 생산방식을 생각하면 안 된다. 농산물을 재배관리하고 생산하는 전 과정에 과학기술이 적용된다. 생산된 농산물은 효율적인 유통구조로 판매돼 농가소득은 증가한다. 스마트팜 농가의 확산에 따른 농촌생활에도 여가와 취미 활동이 가능한 문화, 복지서비스가 향상된다. 농업의 최대 이슈 사항인 노령화에 따라 노동인구의 감소 문제도 해결된다. 4차 산업혁명 시대에 농업이 미래성장 산업으로 자리매김할 것이다. 과학기술이 융합된 농업의 미래는 희망적이다.

도심 속의 식물공장

　예부터 농업은 하늘에 의존성이 컸다. 매년 반복되는 가뭄과 홍수 피해에 속수무책이었다. 가뭄으로 흉년이 돼 농산물 가격이 폭등한다. 기상이변으로 파종 시기를 놓쳐 채소가격이 비싸다. 최근에는 미세먼지, 황사 같은 대기오염에 무방비로 노출돼 재배된 농산물에 대한 안전성이 문제되고 있다. 자연에 의존해 1년에 1모작하고 계절에 따라 재배되는 제철 농산물 생산이 변하고 있다. 비닐온실의 도입으로 겨울철에도 딸기를 먹을 수 있다. 한겨울에도 상추와 같은 쌈채소를 먹는다. 최근은 과학기술과 IT 기술의 발달로 새로운 방식으로 농산물을 생산하고 있다. 자연환경인 계절과 강우량에 영향을 받지 않고 농산물을 생산하고 있다. 제철 농산물의 생산이 아닌 언제든지 장소에 상관없이 어디서나 농산물을 생산할 수 있다. 이것이 바로 '식물공장Farm Factory'이다.

식물공장은 식량난과 농경지 부족 문제를 해결하기 위해 1999년 미국의 컬럼비아대학교 딕슨 데스포미어Dickson Despommir 교수가 창안한 개념이다. 식물공장은 수십 층의 고층 건물 각 층을 작물 재배지로 삼아 작물을 생산한다. 작물 재배에 영향을 주는 온도, 습도, 광, 물, 양분을 인위적으로 자동으로 관리해 연중 농산물 생산이 가능하다. 기후 상태와 상관없이 농작물을 재배하고 공급할 수 있는 장점이 있다. 데스포미어 교수는 50층 높이의 수직농장을 세우면 시민 5만 명에게 값싼 농산물을 공급할 수 있으며, 농경지 부족 문제를 해결할 수 있다고 주장했다.

식물공장은 생육 환경을 측정하고 자동제어를 통해 작물 생육 최적환경을 제공해 공산품을 생산하는 것과 같이 농산물을 연중 생산하는 시스템이다. 식물공장의 종류에는 크게 완전제어형과 태양광병용형이 있다. 완전제어형은 햇빛이 들지 않는 일반 건물 안에서 인공광과 환경조건을 제공해 작물을 생산하는 방식이다. 태양광병용형은 비닐하우스 재배와 같이 빛은 태양을 이용하고 재배 환경조건을 제공받아서 생산하는 방식이다. 도심의 건물을 이용해 연중 농산물을 생산하는 방법이 완전제어형이다. 단점은 초기 투입비용이 많이 들어간다는 점이다. 초기 투자비용이 많기는 하지만 일본, 미국, 유럽과 같은 해외 선진국에서는 이미 상용화돼 수익 분기점을 넘었다. 국내에서도 병원에 조성된 '마리스 가든'은 생산된 수확물을 병원 환자들에게 제공한다. 1년근 인삼 재배를 위한 '애그로닉스'의 수경 재배로 사포닌 함량도 노지 인삼보다 많다. 물고기와 채소를 동시에 키우는 '아쿠아포닉 식물공장'의 물고기 배설물과 양식장의 물이 식물 재배의 양분이 된다.

농촌진흥청 〈인터래뱅^{18호}〉에 따르면 식물공장은 정보통신기술 Information Technology과 생명공학기술Bio Technology, 건축기술과 농업기술이 융복합된 결정체로 다섯 가지 핵심기술을 갖는다. 첫째, 사막이나 바다, 극지, 도시와 같은 환경에 구애받지 않고 어디서나 작물 재배가 가능하다. 둘째, 형광등, 고압 나트륨, LED와 같은 다양한 광원을 이용해 광합성 생육을 조절한다. 셋째, 자동화 기술과 로봇화, 원격제어로 파종부터 수확까지 자동화가 가능하다. 넷째, 식물 생장에 필요한 양분을 공급해 품질을 높일 수 있다. 다섯째, 온도조절을 해 다양한 식물을 재배하고, 생육 속도와 수확 시기를 조절한다.

세계적으로 지구 온난화에 따른 이상기후로 식량 생산성 저하와 식품 위협으로 식물공장에 관심이 높다. 네덜란드의 식물공장은 1975년에 4,700ha가 설치됐다. 네덜란드 정부의 적극적인 지원으로 생산량 증가와 규모화가 체계적으로 갖춰졌다. 일본은 2015년 인공광형 식물공장 약 191개가 운영 중이다. 식물공장의 80%가 엽채류^{배추, 상추, 시금치 등과 같이 잎을 이용 목적으로 하는 채소}를 생산한다. 향후 일본은 2009년 138억 엔에서 2020년에는 4.6배 증가한 640억 엔이 될 것으로 예상한다.

농림축산식품부는 연구 결과를 바탕으로 식물공장 기술을 이용한 비즈니스 모델 5종류를 제안했다. 도시 내의 좁은 공간에 식물공장을 설치해 수익을 내는 방법을 제안한다. 아직은 수익성이 높지 않지만 향후 적용 범위가 확대될 것으로 기대한다. 연구보고서에 따르면 비즈니스 5개 모델은 다음과 같다.

1) 도심 속 식물공장

도시 공간 내의 자투리 작은 공간, 지하공간, 옥상과 같은 버려진 공간에 설치한 식물공장이다. 재배 면적은 10평 기준$8m \times 4m$ 재배 트레이 4단 높이로 설치한다. 재배 베드는 '1.5m×5.5m'로 8개까지 설치할 수 있다. 정식 간격 15cm로 매월 2,560주를 생산한다. 작업환경은 정식 후 생육주기 28일, 주 2회 수확하며, 1회 수확 시 320주다. 재배작물로는 인삼새싹, 수경삼, 땅콩새싹, 루콜라와 같은 고부가가치 특화작물이다. 농산물 판매처는 고급 레스토랑이나 호텔 대상으로 차별화된 마케팅으로 농산물을 생산한다.

2) 새싹인삼 식물공장

도시나 근교에 중규모 공간의 빌딩을 임대해 새싹삼을 재배한다. 재배 면적은 30평을 기준으로 생산면적은 20평이다. 새싹삼의 파종 투명용기$6cm \times 6cm \times 12cm$를 트레이에 고정시키고 1개 트레이에$60cm \times 60cm$ 8개씩 설치해 64개 고정한다. 바퀴 달린 이동식 재배기$1.3m \times 0.6m \times 10단$에 20개 트레이를 탑재해 1개 재배기 1,280용기 생산한다. 20평 규모에 재배기 49대 설치한다. 종자 개갑처리, 발아 및 약광 조건에서 재배 생산한다. 재배 기간은 총 25일이다. 생산물 판매처는 생과일주스 전문점이나 고급 레스토랑, 호텔, 지역 파머스 마켓에 공급한다.

3) 아쿠아파밍 식물공장

스마트팜을 이용한 식물공장으로 아쿠아파밍 기술을 활용해 신선 엽채류를 생산한다. 재배 규모는 500평으로 태양광병용형 온실을 이용한

4차 산업혁명 시대, 도시농업 힐링

다. 홈통 재배방식의 양액 공급 장치를 겸비한 수경 재배방식이다. 정식 간격은 '20cm×20cm'인 경우 총 2만 4,000주다. 정식 후 28일 이후 수확이 가능하다. 생산된 수확물은 회원제로 일주일에 1회 공급한다. 회원 이외에 고급 레스토랑이나 호텔에도 공급한다.

4) 약용작물 식물공장

천연물 식의약 약용 소재를 대량 생산할 수 있는 식물공장이다. 전체 시설면적 240평에서 300평이 실제 육모와 재배 면적이다. 높이 8m 조건에서 재배 단수 8단 재배 이송 트레이시스템을 구축한다. 재식 거리는 '15cm×15cm'로 총 30만 주를 동시에 심는다. 대상 작물로는 배초향, 감초, 레몬밤, 기린초, 이고들빼기, 강화쑥과 같은 것이다. 판매는 완전 계약재배로 건강보조식품이나 식의약 원료로 전략 구매 조건이다.

5) 컨테이너형 식물공장 임대

제약회사나 식품회사에서 식물공장 운영자가 식물공장 사업을 검토하는 경우에 20피트$^{5.9m×2.4m×2.4m}$ 컨테이너형 식물공장을 임대하는 사업이다. 컨테이너 내부의 재배단 높이는 50cm다. 정식 간격은 15cm로 총 990주를 심는다. 대상 작물은 엽채류, 배초향, 감초, 레몬밤 기린초와 같은 모종을 키운다.

농촌진흥청의 연구에 따르면 식물공장의 7가지 기대효과가 있다. 첫째, 주문생산과 계획생산을 통해 신선한 농산물을 얻을 수 있다. 둘째,

산업과의 융복합을 통해서 새로운 시장 창출이 가능하다. 셋째, 자동제어와 로봇개발로 농작업의 편리성이 증진된다. 넷째, 도시 속 식물공장은 도시민들에게 식물 생장의 전 과정을 체험하고 학습할 기회를 제공한다. 다섯째, 도심 속의 농업 생산 활동으로 삶의 질이 향상된다. 여섯째, 식물공장 내에서 자원의 재활용이 이뤄져 환경오염을 방지한다. 일곱째, 기후에 영향을 받지 않는 연중 안정적 생산이 가능하다.

현재 우리나라의 도시농업은 수익 창출을 위한 도시농업이 아니다. 도시에서 작물을 재배해 자급자족과 새로운 가치를 얻는 것에 있다. 농산물의 유통비용과 이상기후의 영향으로 안전한 농산물을 공급하기 위해서 식물공장이 도입되고 있다. 농산물의 생산방식에도 많은 변화를 가져온다. 도심에서도 식물공장을 통한 농산물을 생산해 수익사업을 할 수 있다. 하지만 초기 비용이 많이 들어가는 점과 경제성을 고려할 필요가 있다.

미래 세대 체험교육장

최근 연일 계속되는 미세먼지의 공격으로 야외 활동을 자제한다. 대기 환경오염이 작물이 자라는 생육 환경에도 영향을 미친다. 오염된 환경에서 자라는 농산물은 안전성을 고려하면 먹을 수가 없다. 지구 온난화로 인해 우리나라의 작물생산 모형이 북쪽으로 이동하고 있다. 예전에 사과 유명지가 대구였으나 이제는 강원도 정선까지 북상했다. 과일뿐만 아니라 농산물의 생산지가 바뀐 것이다. 기상환경의 악화로 먹을거리에 대한 중요성이 강조된다. 농촌지역의 불균형 발전과 노령인구의 증가는 우리나라 농업을 위협하고 있다. 힘들고 돈 안 되는 농업보다는 경제적인 이유로 젊은 사람은 도시로 몰려든다. 젊은 사람의 도시이동에 따라 농촌은 70~80대의 노인들이 지키고 있다. 이것이 농촌지역에서 가장 큰 문제점이다. 정부의 정책지원으로 많은 사람이 귀농과 귀촌을 선택하지만 정착하기에는 쉽지 않다.

필자는 농촌에서 태어나서 농과대학을 졸업하고 농업·농촌을 지원하는 회사에서 일하고 있다. 지금까지 30여 년 동안 농업 관련 일을 하면서 농업의 소중함을 알았다. 지속적인 농업과 식량 자급의 중요성을 인식하게 됐다. 이러한 중요성을 인식하고 실천할 방안을 고민하다가 미래 세대에게 농업에 대한 체험교육이 얼마나 중요한지 인식하게 됐다. 미래 세대에 대한 농업 체험교육으로 많은 학교에서는 텃밭교육을 진행하고 있다. 친환경 농산물을 생산하는 농장 현장 체험 프로그램을 운영한다. 동물보호 및 복지환경을 살펴보기 위해 동물복지 농장을 견학한다. 도시농업 활동은 농업을 쉽게 체험하고 접할 수 있다. 하지만 이 모든 활동이 일회성이나 이벤트로 진행하는 경우가 많다. 물론 체험하지 않는 것보다는 좋은 경험이다. 미래 세대 어린이에게 지속적으로 체험하고 활동할 수 있는 교육 프로그램이 필요하다.

도쿄 파소나 식물공장

일본 도쿄 중심가의 건물 안에 식물공장을 만들어 시민에게 공개해 인기가 높은 곳이 있다. 파소나PASONA라는 일본의 인재파견회사가 2005년 2월에 도쿄 오테마치 본사 지하 2층에 설치해 운영한다. 미래에 반드시 농업이 주요 산업으로 부상할 것이라고 전망해 최첨단 농업시설을 만들었다. 식물공장인 'PASONA O2'는 990㎡300평의 공간에 6개의 재배실을 만들었다. 재배실은 벼 재배 1실, 토마토와 같은 열매채소 재배를 위한 수경재배 4실, 허브류를 심어 놓은 토경 재배 1실로 구성돼 있다. 건물 안의 지하실이다 보니 각 재배실은 재배하는 작물의 품목 특성에 따라 조명을 다르게 비춰준다. 특수한 형광등과 나트륨 등을 이용해 태양광선과 비슷하게 만들어 제공한다. 첨단기술을 활용해 온도와 습도 조절이 가능하게 시설을 갖춰 식물이 자랄 수 있는 환경을 만들어준다. 땅값이 가장 비싸다는 일본 도쿄 중심지에서 많은 설치비용과 연간 유지비용이 소요된다. 하지만 시민들이 농업을 느낄 수 있고 농업에 대한 새로운 즐거움을 주기 위해서 무료로 운영 중이다. 많은 사람이 새로운 기술이 접목된 농업에 관심을 갖게 하고 중요성을 전달하기 위함이다.

식물공장 기반의 체험교육장 _____

언젠가 미래 세대에게 농업의 중요성을 인식할 수 있는 '미래 세대 체험교육장'을 운영하고 싶다. 미래 세대 체험교육장은 도시 인근에 초·중·고 학생 대상으로 전반적인 농업 체험교육 프로그램을 진행한다. 프로그램 운영시간은 학기제, 주말반, 연간반으로 구성한다. 학생들의 체험 프로그램만 운영하는 것이 아니라 시민들과 소통과 교류의 장을 만든다. 자연의 환경에 따른 생산관리뿐만 아니라 최첨단의 식물공장을 활용한 교육형 모델을 짓고 운영한다. 기후환경이나 계절에 상관없이 언제든지 방문 견학과 체험을 할 수 있다. 현재 구상하고 있는 미래 세대 체험교육장을 제안한다.

1) 젊은 도시 세종시 추천

최첨단 기술이 접목된 교육형 모델인 식물공장을 짓기 위해서는 부지가 필요하다. 미래 세대 체험교육장은 세종시에 짓는 것을 추천한다. 세종시는 2005년 행정수도 이전이 확정되고 2007년 도시계획이 착공돼 아직도 공사 중이다. 현재 중앙행정기관과 관련 공공기관이 이전해 도시의 안정성을 갖춰가고 있다. 미래 세대 체험교육장을 세종시에 짓고 싶은 것은 중앙행정기관의 이전 때문이다. 세종시는 전국에서 가장 젊은 도시로 알려져 있다. 기관 이전에 따른 공무원 가족 이주로 젊은 층이 많기 때문이다. 대부분 직업이 공무원이다 보니 농업에 대한 경험이 많지 않다. 주중에는 맞벌이로 인해 아이들에게 신경 쓰지 못하기 때문에 주말이면 이곳저곳 가족 나들이가 많다. 세종시는 주말농장 분양도 아파트 분양 경쟁률 못지않게 인기가 높다. 세종시는 사회적 구조 특성상 어린이들에게 농업의 중요성과 체험 활동이 절실히 필요한 곳이다.

2) 식물공장 청사진

제안하고 싶은 식물공장 건물은 지하 1층 지상 5층이다. 건물 내부를 살펴보면, 지하 1층에는 작물 재배 관련 자재창고, 지상 1층은 전시장, 2~3층은 작물 재배관리, 4층은 교육장과 사무실, 5층은 체험장으로 설계한다. 지상 1층 전시장은 중앙에 벼와 과실수를 심고 주변 벽면에는 여러 가지 농사 활동사진이나 그림을 전시한다. 주변에는 식물공장에 대한 개요와 설명, 기기를 조작할 수 있는 시스템을 만들어 체험할 수 있게 한다. 최첨단 기술과 농업의 조화를 느끼고 체험할 수 있게 한다. 빈 공간 군데군데에는 테이블을 놓아 건물 내에서 작물을 보면서 이야기를 나눌 수 있도록 한다. 지상 2층과 3층에는 실제로 작물을 키우는 모습을 견학할 수 있도록 한다. 4층에는 체험자들이 이론교육을 받을 수 있도록 강의실을 만든다. 강의 진행과 식물공장 운영을 위한 사무 공간으로 활용한다. 5층에는 전망대 겸 수확한 농산물을 활용해 체험할 수 있는 공간이다. 상추를 이용해서 샌드위치를 만들어 먹을 수도 있다. 우리나라 전통의 차나 음료를 마시며 휴식을 취할 수 있다.

3) 농장 체험

식물공장 옆에는 공동체 텃밭을 조성한다. 매년 회원을 모집해 공동으로 텃밭 활동을 하면서 농업을 이해하고 작물 재배방법을 습득한다. 매회 프로그램마다 텃밭에서 농산물을 이용해 요리 체험을 진행한다. 텃밭에서 글짓기, 그림 그리기, 사진찍기와 같은 이벤트를 병행한다. 1년 동안 작물 관찰일지를 작성해 소중한 경험을 쌓는다. 학교생활 외에 공동텃밭을 통해 또래 친구들과 소통하며 교류한다. 공동체 텃밭을 하면서 아이들이 자연과 농업의 소중함을 체험한다.

벼농사 체험 프로그램인 '논놀이터'와 같은 프로그램도 진행한다. 우리나라 자존심인 쌀 자급률을 위해서 농업인의 노고를 이해할 수 있다. 먼저 볍씨를 뿌리고, 모내기, 김매기, 벼 베기, 쌀밥 먹기와 같이 1년간 지속적으로 진행되는 프로그램이다. 논 주변 생물의 다양성을 관찰하고 보전할 수 있도록 한다. 실제 농사 체험을 통해 쌀의 소중함을 안다. 벼농사 체험 프로그램으로 생산된 쌀은 자체 브랜드를 만들어 판매 방안도 검토해본다. 아이들이 직접 심고 가꾼 쌀이기 때문에 애착이 많다. 친환경 재배방식으로 재배했기에 믿고 안심하게 먹을 수 있다.

체험 활동에 참여한 학부모들과 인근 마을의 생산자인 농업인의 교류를 촉진한다. 농업인이 생산한 농산물을 직접 사고팔 수 있는 유통판매 시스템을 만든다. 식물공장 1층 옆에 농산물판매대를 만들어 이용할 수 있게 한다. 농산물 판매는 무인으로 자유롭게 이용한다. 자연스럽게 생산한 농산물을 도시민이 소비하는 직거래 유통체계다. 생산자는 도시민들에게 매월 제철 농산물을 보내주는 꾸러미 사업도 추진한다. 도시민은 믿고 안전한 농산물을 얻을 수 있어 좋고, 생산자는 농산물의 판로 걱정이 없어서 좋다. 생산자와 도시민 모두에게 도움을 줄 것이다.

세종시는 도심 바로 옆에 논과 밭이 그대로 살아 있는 도시와 농촌이 공존하는 지역이다. 번잡하고 삭막한 도심지를 벗어나 잠시 휴식을 취할 수 있는 쉼터가 필요하다. 언제든지 차로 5~10분 정도 도심을 벗어나면 자연에서 여유를 만끽할 수 있는 공간을 만들어 제공한다. 신도시로 성장하고 있는 세종시의 경우 도시농업을 체험하고 필요로 하는 적당한 장소라 할 수 있다. 특히, 미래 세대인 어린이들에게는 더욱 절실히 필요하다. 어린 시절 농업에 대한 체험 활동과 농업의 중요성 인식은 삶을 살아가는 데 중요한 기본 요인으로 작용할 것이다.

04

도시농업관리사 활동

지난 6월에 도시농업관리사 자격증을 신청했다. 도시농업관리사 신청은 '모두가 도시농부' 사이트http://www.modunong.or.kr에서 온라인접수하는 방법과 우편접수, 방문접수로 할 수 있다. 2017년에 도시농업관리사 자격증을 취득하기 위해서 도시농업 전문가과정을 수료했다. 2018년 6월에는 '유기농업기능사' 자격증을 취득했다. 도시농업관리사 자격증은 전담기관인 농림수산식품교육문화정보원에 신청하면 30일 이내에 자격증이 발급돼 배부된다. 지난 7년 동안 도시농업을 하면서 전문성을 키우기 위해서 자격증을 준비해 취득했다. 도시농업관리사 자격증이 있으면 다양한 분야에서 전문가로 일할 수 있다. 도시농업 전문가 활동에 따라 새로운 일자리가 창출한다. 도시농업 전문인력 활동 분야에 대해서 구체적으로 살펴보자.

도시텃밭 전문가 _____

　2017년 농림축산식품부 조사에 따르면 전국에 12만 1,601개의 도시 텃밭이 있다. 도시텃밭은 도시민이 외곽으로 나가지 않고도 도심에서 텃밭 활동을 한다. 매년 농림축산식품부와 지자체에서는 도시텃밭을 조성해 보급하고 있다. 도시텃밭의 운영 주체는 지자체가 직접 운영하는 경우도 있지만 도시농업 관련 민간단체에 위탁 운영하는 사례가 많다. 서울의 대표적인 도시농업공원 조성으로는 강동구 도시공원, 창동 도시공원, 노들섬 도시공원, 갈현 도시공원 같은 곳이 있다. 강동구 도시농업 2020 프로젝트는 강동구 모든 세대에 텃밭을 보급함으로써 진정한 친환경 생활을 누릴 수 있도록 시작했다. 강동구 도시농업공원은 1만 2,000㎡를 조성해 2013년 6월에 개장했다. 도시공원을 운영하기 위해서 농부센터를 구성했다. 도시농업 전문가는 시민들에게 텃밭관리 및 작물 재배법을 알려준다. 초보 도시농업 그룹과 어린이 체험 프로그램을 개발해 운영하며 도시농업을 확산한다. 이처럼 한 구역의 텃밭이 조성되면 운영관리를 위한 도시농업 전문가가 필요하다. 전국의 도시텃밭 10%만 반영해 도시농업 전문가 활동이 가능하다면 1만 2,000여 명의 인력이 필요하다. 도시농업 전문가로 활동하며 새로운 일자리가 만들어진다.

학교텃밭 전문가

학교텃밭은 미래 세대 배움의 체험 장소다. 텃밭 활동을 통해 씨앗을 심고 모종을 기르며 농기구 사용법을 자연스럽게 배운다. 전국의 어린이 청소년용 교육시설은 약 6만 1,000여 개소다. 학교텃밭의 전문강사 파견사업은 활발하게 진행 중이다. 전문강사와 보조강사로 나눠 희망하는 학교에 파견해 텃밭교육을 운영한다. 어린 시절의 텃밭교육은 아이들의 인성에도 큰 영향을 미친다. 작물이 자라기 위해서는 햇빛, 물, 영양분이 필요하다는 것을 자연스럽게 깨우친다. 열매가 열리기 위해서는 꽃이 피고 벌이나 바람에 의해서 수분이 필요하다는 것을 체험으로 얻는다. 텃밭 활동 외에도 작물을 활용한 놀이문화와 요리 체험은 또 다른 즐거움을 준다. 작물을 키우며 안전한 먹거리에 관심이 증가하고 농업의 소중함을 몸소 체험할 수 있다. 이처럼 미래 세대에 도시농업의 교육을 전담할 전문가의 활동은 매우 중요하다.

농림축산식품부와 교육부는 2018년 중학교 자유학기제와 연계해 '학교텃밭 체험'을 시범 운영한다. 부산과 인천 소재의 중학교를 대상으로 프로그램 참여 희망 10개 중학교를 운영한다. 학교텃밭 체험은 학생들이 텃밭 운영 계획 수립, 작물 활용 체험 활동, 지역사회 연계와 같은 프로그램을 주 1회 2시간씩 10주 동안 운영한다. 선정된 학교에는 도시농업관리사 2명이 직접 방문해 텃밭 조성, 파종, 관리, 수확 등 텃밭 관리의 전 과정을 학생들과 함께 운영하고 지원한다. 학교텃밭 체험을 통해서 학생들은 농업의 중요성을 알게 된다.

제6장. 도시농업 미래 전망

도시농업 전문가 양성 _____

　도시농업지원센터와 전문인력양성기관은 도시농업 활성화를 위해서 중요한 역할을 한다. 도시농업지원센터는 일반 도시민을 대상으로 도시농업 기초과정 교육과 텃밭 활동을 지도한다. 전문인력양성기관은 도시농업 전문가를 양성하는 교육을 진행한다. 2017년 말 우리나라의 도시농업지원센터는 25개, 전문인력양성기관은 42개 기관이 있다. 도시농업관리사 제도가 시행되면서 농업 계열 대학 도시농업에 대한 관심이 많아졌다. 특히, 도시농업과가 신설되고 도시농업 과목이 개설됐다. 직업전문학교에서는 전문인력양성기관으로 지정받기 위해 노력한다. 전국 농업 계열 대학 현황은 30개소다. 각각의 기관에서는 도시농업에 대한 강의와 실습을 지도할 전문 교수 요원이 필요하다. 각 기관에서 도시농업 전문강사 3명이 필요할 경우, 300여 명의 도시농업 전문가가 활동할 수 있다.

　우리나라의 농업을 전담하고 있는 기관으로는 농촌진흥청, 농업기술원, 농업기술센터가 있다. 농촌진흥청은 농업의 전반적인 연구업무와 농업기술개발을 한다. 특히, 도시농업 모델개발과 다양한 실증작업을 한다. 농업기술원은 농촌진흥청과 유사한 연구개발 업무를 진행한다. 농업기술센터는 연구개발된 농업기술을 농업인에게 전파 및 보급한다. 농촌진흥청은 농림축산식품부 산하기관이고 농업기술원과 농업기술센터는 지자체에 소속돼 있다. 전국의 농업·농촌진흥기관은 농촌진흥청, 농업기술원 9개, 농업기술센터 156개가 있다. 농부학교 및 도시농업 프로그램을 운영관리할 전문인력은 기관별 2~3명으로 총 500여 명이 필요하다.

사회복지시설의 전문가 _____

도시농업의 새로운 가치 중 하나가 치유기능이다. 도시농업을 통해서 손과 발의 운동으로 심신이 건강해진다. 작물 재배와 이웃 간의 소통을 통해서 활기찬 삶의 원동력이 된다. 우리나라의 사회복지시설 현황은 7만 5,310여 개 노인 7만 5,025개, 아동 281개다. 텃밭의 작물 재배 활동을 통해서 삭막하고 갑갑한 병실 생활의 무료함을 달래줄 수 있다. 자라는 작물을 관찰하면서 이웃과 소통을 하고 자신의 과거를 뒤돌아보는 기회를 가질 수 있다. 사회복지시설에서 운영하는 텃밭은 도시농업관리사가 더욱 필요하다. 도시농업의 전문적인 재배기술과 함께 사회복지시설의 원생이 참여해 작물을 가꾸면 치유기능이 작용한다. 도시농업관리사는 사회복지시설의 텃밭관리 및 원예치료 전문강사로 활동한다.

이와 같이 도시농업관리사를 취득하면 도시농업 전문가로 활동할 수 있는 분야가 다양하다. 도시농업관리사에 관심이 있으면 노후를 위해서 자격증을 취득하는 것도 좋다. 내가 좋아하는 도시농업을 여가, 취미로 하고 전문강사 역할도 수행하면서 많지는 않으나 부수입도 올릴 수 있다. 지금 당장 귀농·귀촌이 어렵다면 도시에서 텃밭 활동과 도시농업의 지식을 쌓고 도시농업관리사 자격증에 도전해보자.

즐거운 노후생활

최근 귀농·귀촌에 대한 관심이 증가하고 있다. 복잡하고 삭막한 도시를 떠나 농촌생활을 누리는 것을 꿈꾼다. 통계청에 따르면 2014년 31만 명, 2015년 33만 명, 2016년에는 34만 명으로 매년 1만 명씩 증가하고 있다. 이처럼 매년 귀농·귀촌 가구 수가 증가하는 이유는 정부 지원정책의 영향도 크지만 무엇보다 귀농·귀촌을 희망하는 수요자가 많기 때문이다.

사람들이 농촌을 찾는 이유는 웰빙을 추구하는 삶의 질 향상이 주요 요인이다. 한국농촌경제연구원의 '귀농·귀촌인의 정착 실태 장기추적 조사'에 따르면 귀농·귀촌 가장 큰 이유는 '조용한 전원생활을 위해서31.4%'다. 다음은 '도시생활에 회의를 느껴서24.8%'와 '은퇴 후 여가 생활을 위해서24.3%'로 조사됐다. 이 밖에 '농사일이 좋아서', '자신과 가족의 건

4차 산업혁명 시대, 도시농업 힐링

강 때문', '생태·공동체 등의 가치 추구'와 같이 다양한 의견이 나왔다.

귀농·귀촌에 대한 관심이 증가함에 따라 농림축산식품부에서는 늘어나는 귀농·귀촌 인구에 맞춰 정책을 지원한다. 실제로 서울시 양재동 aT센터 내에 전문상담과 컨설팅을 지원하는 '귀농·귀촌종합지원센터'를 운영하고 있다. 귀농·귀촌 희망 대상자인 20~30대는 창업농, 40~50대는 전업농, 60대는 은퇴농과 같은 맞춤 교육과 안내를 한다. 지자체에서도 많은 귀농·귀촌인을 유입시키기 위해서 다양한 혜택과 정책을 지원한다.

농업인 혜택

귀농·귀촌에 대해서 조금 더 자세하게 살펴보면 많은 혜택이 있다. 귀농은 시골에서 농사를 전업으로 하는 것이고 귀촌은 농사가 아닌 다른 일을 하면서 농촌에서 사는 것이다. 농촌지역 인구가 감소해 노령화로 농업 생산에 차질이 생겨 정책적으로 귀농자에게 많은 혜택을 제공하고 있다. 이러한 혜택을 받기 위해서는 법적으로 '농업인'으로 등록돼야 한다. 농업인 등록은 매년 국립농산물품질관리원에서 등록관리하고 있다.

농업인으로 등록하기 위해서는 몇 가지 조건이 있다. 첫째, 1,000㎡ 300평 이상의 농지를 소유하고 작물을 심어 재배하며 1년에 90일 이상 농업에 종사해야 한다. 둘째, 농지에 330㎡100평의 고정식 온실이나 비닐하우스와 같은 농업 생산에 필요한 시설을 설치해 농작물이나 다년생작물을 재배해야 한다. 셋째, 축산의 경우에 대가축 2두, 중가축 10

두, 소가축 100두, 가금류 1,000수, 꿀벌 10군 이상 사육하거나 1년 중 120일 이상 축산업에 종사해야 한다. 넷째, 농산물 유통판매에 따른 연소득 120만 원 이상이 돼야 한다.

이상 네 가지 조건 중 한 가지라도 해당하면 농업인으로 인정돼 농업 경영체에 등록할 수 있다. 귀농인에게는 농어업 창업 및 주택 구입비가 지원된다. 창업지원금의 형태는 최대 3억 원으로 5년 거치 및 10년 분할상환 조건이다. 이외에도 농업경영체에 등록되면 직불금을 신청할 수 있다. 하지만 이 모든 혜택이 50세 이하인 경우에 해당한다. 귀농은 젊어서 하고 귀촌은 나이 들어서 하면 좋을 듯하다.

귀촌을 위한 준비

필자도 귀농·귀촌에 관심이 매우 높다. 현재 생업을 위해서 도시에서 농사가 아닌 다른 직업으로 생활하고 있지만, 노후에는 농촌에서 생활하고 싶다. 그 첫 번째 준비단계로 도시농업을 실천하고 있다. 도시농업을 위해서 기초과정과 전문가과정을 배우고 있으며 2017년에 처음 시행된 도시농업관리사 자격증도 취득했다. 사실 생업으로 농사를 지으려고 하면 깊은 고민을 해야 한다. 하지만 나이가 들면서는 귀농보다는 귀촌에 관심이 있다. 도시농업도 귀촌을 위한 최소한의 준비과정이라 하겠다. 귀촌을 하더라도 농사짓는 활동을 꼭 필요로 한다. 도시농업으로 생업을 한다면 억지다. 도시농업은 취미농업으로 수확량보다는 새로운 가치를 찾는 데 의미가 있다.

직장과 자녀교육 때문에 어쩔 수 없이 도시생활을 하는 사람들에게 노후에는 농촌생활을 권한다. 공기오염도 심해 창문도 못 열고 주위 사람은 많지만 나와 마음이 통하는 사람이 없는 고독한 삶이 도시생활이다. 젊었을 때는 꿈을 이루기 위해, 아이들 학교 때문에 도시생활이 좋을 수 있다. 하지만 정년퇴임을 하고 아이들도 성장해 단둘이 부부만 생활할 때는 농촌생활이 도시생활보다 편안함을 줄 수 있다.

어느 날 퇴근길에 라디오에서 투자금과 현금에 대한 방송을 들은 적이 있다. 진행자에 따르면 투자금은 집을 사든지 적금을 하든지 묶여 있는 돈이다. 반면 현금은 내가 언제든지 필요할 때 지출할 수 있는 돈이다. 요즘 아파트 구입할 때 대다수 사람이 담보대출을 한다. 아파트 담보대출을 하다 보면 매월 갚아나가야 하는 이자와 원금이 부담이다. 실제로 몇십억 원 나가는 아파트에 살고 있어 부자처럼 보이지만 정작 생활은 나아진 것이 없다. 백화점에서 나를 위해서 물건을 살 때도 가격에 많은 고민을 하게 된다. 진행자는 노년이 되면 투자금을 계속 묶어두기보다는 나를 위해 쓸 수 있는 현금을 늘리라고 말한다. 많은 돈을 무작정 모으기보다는 어느 정도 목표치에 도달하면 자신과 가족을 위해서 쓸 수 있는 현명한 실천이 필요하다고 조언한다. 라디오를 들으면서 많은 생각을 하게 됐다. 나의 이야기이기도 하고 현대인의 이야기다. 100세 시대에 노후준비가 필요하며 적정한 자기 목표와 삶의 방향을 찾는 것도 중요하다.

필자의 노모는 아직도 시골에서 농사일을 하신다. 올해 어머니 연세가 86세다. 아직도 아침 일찍 일어나 텃밭을 둘러보는 것으로 하루를 시작한다. 텃밭에 나가면 한 시간은 텃밭 일을 하신다. 한낮에는 뜨겁고 덥기 때문에 이른 아침에 주로 일을 하신다. 텃밭 작업은 큰 작업이 아니다. 풀이 나 있으면 풀을 뽑고 모종을 심고 씨를 파종한다. 봄철의 파종과 모종 옮기기가 끝나면 특별한 일 없이 잘 크고 있는 작물을 지켜보는 것이다. 벌레가 있으면 잡아주고 물이 부족하면 물을 준다. 어머니는 논농사는 2년 전부터 힘들다고 하지 않는다. 하지만 집 옆에 100여 평의 텃밭농사는 아직도 지으신다. 예전에 논농사를 지을 때는 매달 한 번씩 내려가서 힘든 논농사 일을 도와드렸다. 논농사를 짓지 않으면서는 시골 내려가는 일이 줄어들었다. 가끔 내려가는 것은 일하기 위해서라기보다 그냥 어머니를 찾아뵙는 것이다. 항상 찾아뵐 때마다 느끼는 것인데 어머니는 건강하시다. 평생을 농사를 지으며 살아오셨다. 현재 86세의 노령에도 건강한 삶을 유지하시는 것은 적당한 노동과 농촌의 평온함 때문이라고 생각한다. 조금 안타까운 것은 직장생활 때문에 자식들이 함께 살지 못하고 혼자 살고 계시다는 점이다. 여건이 된다면 모시고 살고 싶지만 쉽지가 않다. 현재로서는 자주 찾아뵙는 것이 최선이다.

좀 더 나이가 들면 농촌에서 조그만한 텃밭농사를 지으며 살고 싶다. 귀농이 아닌 귀촌을 생각하고 있어 경제적인 부분을 항상 고민하고 있다. 미래의 적정한 목표 지점에 도달하는 시기에 자금을 현금화해 농촌에서 생활하고 싶다. 일벌처럼 무작정 자신이 먹지도 못할 꿀을 모으고 싶지는 않다. 어느 정도 목표에 도달했으면 인생 2막에서는 새로운 삶을 살고 싶다. 기회가 주어진다면 봉사 활동도 하고 농업과 농촌 발전을 위해 일하고 싶다. 그 첫 번째 출발선이 귀촌이다. 농촌지역에서 내가 할 수 있는 일을 찾는 것이다. 목표하는 일을 성실하게 실행할 수 있도록 준비가 필요하다. 아직은 구체적이고 명확하게 실천방법이 정해져 있지 않다. 앞으로 10여 년의 시간이 있으니 천천히 꼼꼼하게 준비할 것이다. 김흥중 작가는 《10만 시간의 공포》에서 인생의 후반부인 은퇴 후의 삶을 준비하라고 역설한다.

> 은퇴와 노후는 좋든지, 원하든지 안 원하든지 필연적으로 시니어에게 다가온다. 다만 순서만 있다. 다가오는 은퇴 후 10만 시간을 알차게 보낼 것인가, 무의미하게 허비할 것인가는 시니어 각자의 몫이다. 다시 말해 은퇴 후 10만 시간을 축복의 황금시간으로 즐길 것인가 아니면 공포의 시간으로 연명할 것인가? 시니어 각자의 하기 나름이자 몫이다.
>
> – 《10만 시간의 공포》, 김흥중 지음, 가나북스, 2016 –

우리나라의 농업 발전에 도움이 되고 나에게도 좋은 결과로 나타날 수 있는 최고의 해법을 찾고 있다. 최고의 해법을 찾기 위해서 매년 도시농업을 실천하고 있다. 도시농업관리사 자격증도 땄다. 농촌지역을 찾아보며 농업 현장 감각을 익힌다. 4차 산업혁명 시대에 농업의 적용과 발전 방안을 공부한다. 미래 세대를 위해서 체험교육 프로그램 사례를 찾고 있다. 농업의 발전과 농촌지역에서 할 수 있는 일을 찾아 배우며 미래의 삶을 준비하고 있다.

공유농업

새롭게 부상하는 공유경제 _____

정보통신기술개발과 IoT^{Internet of Things} 기반의 4차 산업혁명 시대에 공유경제^{Sharing Economy}에 대한 관심이 높다. 2008년 세계 금융위기로 경제적으로 어려울 때 하버드대학교 로렌스 레시그^{Lawrence Lessig} 교수는 새로운 경제개념인 공유경제를 제안했다. 공유경제란 물건을 기존의 소유에서 벗어나 공유하는 개념이다. 생산된 제품을 여러 사람이 함께 사용하는 것이다. 전통적인 생활방식에서 벗어나 과소비와 환경문제를 개선하기 위한 합리적인 소비방법이다. 스마트폰 보급과 인터넷 접근성이 확대되면서 공유경제 시장은 더욱 발전한다. 공유경제 흐름에 따라 신규 사업이 발굴되고 관련 기업이 성장한다. 세계공유경제 시장 규모도 200억 달러 규모다. 특히, 인구가 많은 중국의 공유경제 시장 규모는 2015년 370조 원, 2016년도 570조 원으로 1년 사이에 200조 원이 증가했다. 공급자의 잉여자산을 수요자에게 제공하고 수요자가 공급자에게 물건 사용에 대한 대여료를 지급한다. 공유경제 플랫폼은 수요자와 공급자를 연결하는 역할을 한다. 새롭게 부상하는 공유경제 플랫폼은 기업이 이익을 독점하는 구조의 문제를 발생하기도 한다.

공유경제는 최근 운송 수단, 물품, 숙박·공간, 금융, 인력 중개, 교육 등 거의 모든 분야로 번지고 있다. 요즘 언론에 자주 등장하는 우버택시나 자전거를 공유하는 푸른바이크는 운송 수단 공유 기업이고, 글로벌 숙박업체인 에어비앤비와 한옥 특화 숙박업체인 코자자는 숙박·공간 공유의 대표적 기업이다. 이 밖에도 시간제 허드렛일을 중개하는 태스크래빗, 개인들의 소액 투자를 모아 태양광 사업에 투자해서 수익을 올리고 있는 모자이크, 재능기부 네트워크를 운영하는 크로스레슨 등도 공유경제 기업이다. 좀 더 거슬러 올라가면 중고 물품 거래 사이트인 이베이eBay, 지식 공유 사이트인 위키피디아Wikipedia 등도 공유경제 기업이다.

－ 4차 산업혁명 공유경제란?, 시민의 소리http://www.siminsori.com,

2018.03.13. －

공유경제는 제공서비스 형태에 따라 물건 공유, 물품 교환, 상호 협력으로 나눌 수 있다. 물건 공유는 사용자들이 제품을 소유하지 않고 공유하는 방식이다. 구체적인 공유 자원은 자동차 셰어링, 바이크 셰어링, 장난감 대여, 도서 대여와 같은 것이 있다. 물물교환은 필요하지 않은 물건을 필요한 사람에게 제공하는 방식이다. 사례로는 경매시장과 물물교환 시장이 있다. 상호협력 방식은 사용자 간의 협력적 방식으로 공간 공유, 구인구직, 여행 경험, 지식 공유, 크라우드펀딩과 같은 것이 있다. 이처럼 공유경제는 교통, 물건, 숙박, 금융, 채용, 교육과 같은 전반적인 분야에서 이뤄진다.

미래 농업 모델, 공유농업 _____

최근 관심이 높은 공유경제를 농업 분야에 적용한 사례도 있다. 경기도는 2017년에 소비자의 먹거리에 대한 불안 해소와 농업인의 소득 창출을 위해서 공유농업 제도를 도입했다. 경기도는 2022년까지 공유농업 거래액을 1,000억 원을 목표로 하고 있다. 목표를 수행하기 위해 생산자와 소비자를 연결할 수 있는 공유농업 플랫폼을 구축했다. 플랫폼 운영은 공유농업 전담기업 2개 업체를 선정했다. 전담기업은 홈페이지를 구축하고 소비자와 생산자 회원을 관리한다. 공유농업 활동가는 생산자와 소비자가 함께할 수 있는 공유 프로그램을 기획해 운영한다. 농촌의 자원을 도시민에게 소개하고 참여할 수 있도록 안내한다. 공유농업 활동가는 사업 실적에 따라 인센티브를 받는다. 공유농업에 참여하는 생산자는 경기도 내의 농업인이면 누구나 가능하다. 소비자는 수도권에 거주하면 누구나 참여할 수 있다.

생산자와 소비자가 농산물 생산, 유통에 함께 참여하는 경기도의

4차 산업혁명 시대, 도시농업 힐링

새로운 농업 모델인 '공유농업'이 본격 추진돼 큰 호응을 얻고 있다. 경기도는 소비자의 먹거리에 대한 불안 해소와 농업인의 소득 창출을 위해 사회적 경제를 바탕으로 한 경기도만의 독창적 생산·유통 시스템인 공유농업을 지난해부터 시행해왔다. 도는 2022년까지 공유농업 거래액 1,000억 원을 달성하기 위해 지난해 12월 공모를 통해 공유농업 전담기업 2개 업체를 선정했으며, 공유농업 활동가와 생산자 등 참여자를 모집하고 있다.

－ 경기 공유농업, 〈한국농어민신문〉, 2018.04.06. －

경기도는 공유농업 활성화를 위해 '경기도 공유농업 지원 조례'를 제정해 공표했다. 조례의 주요 내용은 첫째, 공유농업 활성화를 위해 전담기구를 지정한다. 둘째, 지역적인 활동을 하는 단체의 네트워크를 구성한다. 셋째, 다양한 공유농업의 모델을 개발한다. 넷째, 공유농업에 대한 생산자, 소비자, 활동가에 대한 체계적인 교육홍보를 한다. 소비자는 생산농장에 참여하기 위해 대가를 지급하고 수확기에 농산물을 받을 수 있다. 소비자들은 안전한 먹을거리를 얻을 수 있고 농업 생산에 직접 참여한다. 생산자는 소비자가 제공한 비용을 영농자금으로 활용하고 안정적으로 농산물을 생산한다. 기존의 유통방식이 아닌 소비자 직거래로 농가소득이 올라간다. 소비자와 직접 소통하고 함께 체험하고 공유하면서 농업에 대한 이해도와 유대관계가 높아진다. 농업·농촌의 다원적 가치에 소비자는 참여할 수 있다. 농업 생산물이 아닌 농촌 현장에서 체험이나 공연도 포함한다. 생산자와 소비자는 공유농업으로 더욱 상호교류가 활발해지고 도농 상생한다.

제6장. 도시농업 미래 전망

'토종쌀 자급자족 프로젝트' 사례 _____

실제 사례로 2018년 공유농업으로 '토종쌀 자급자족 프로젝트'를 개설해 참가자를 모집했다. 프로젝트는 토종쌀을 자연순환 전통방식으로 재배해 수확된 쌀을 가져간다. 농사만 짓는 것이 아니라 프로젝트 기간에는 총 4번의 공식적인 농사교육과 체험 활동을 진행한다. 첫 번째 교육은 토종 볍씨 고르기와 모판 만들기를 진행한다. 두 번째 교육은 논에서 직접 모내기를 한다. 세 번째 교육은 벼꽃 관찰하기와 허수아비 만들기를 한다. 네 번째 교육은 벼 베기와 탈곡 과정을 진행한다. 벼농사의 전반적인 기간에 직접 논농사를 체험하고 참여해 수확물을 받는다. 참가방법은 팀이나 개별적으로 참여할 수 있다. 팀 참가는 1구좌50평에 4~15명이 자율적으로 팀을 구성해 참여한다. 참가비는 교육 4회, 수확된 쌀 50kg 제공, 논관리 인건비와 재료비를 포함해 총 90만 원이다. 개인참가자는 1구좌10평에 교육 4회, 수확된 쌀 10kg 제공, 재료비를 포함해 18만 원이다. 소비자들은 벼농사에 직접 참여해 벼농사에 대한 다양한 체험과 수확물인 소중한 쌀을 얻는다. 도시에서 내 손으로 직접 수확한 쌀로 밥을 지어 먹을 수 있다는 것은 큰 즐거움을 줄 것이다.

국내의 공유농업과 유사한 사례로 농사펀드가 있다. 농업인이 사업계획을 세우고 필요한 투자금액을 플랫폼에 제시해 농사펀드 참여자를 모집한다. 투자 모금액에 따라 참여자는 수확된 농산물로 받을 수 있다. 농산물이 생산되는 동안 농장에 직접 찾아가서 체험도 하고 생산과정에 참여할 수도 있다. 농사펀드의 범위는 농산물에 한정돼 있다.

도시농업의 주말농장 분양도 한 예다. 생산자가 농산물을 생산하기보다는 도시민에게 텃밭을 분양해 소비자가 직접 농산물을 생산할 수 있도록 지원한다. 농장 분양 형태에 따라 농가형은 한 고랑 나눔 운동, 마을형은 수요자 맞춤형 작물 재배, 단지형에는 아이쿱과 같은 협동조합 운영으로 분류한다. 소비자와 생산자가 직접 거래하고 참여하는 방법이 증가한다.

해외 공유농업 사례

해외의 공유농업 사례도 많다. 벨기에는 농업인과 지역 주민이 연결된 공동체 지원 농업 CSA^{Community Supported Agriculture}가 있다. 지역 주민이 일정 금액을 농업인에게 지원하고 농업인은 지원받은 영농자금을 활용한다. 참여한 지역 주민은 농장에서 자유롭게 원하는 농작물을 직접 수확해 가져간다. 프랑스의 농업 클라우딩펀드 MiiMOSA는 우리나라 농사펀드와 유사하다. 농장주나 사업자가 사업계획을 수립해 투자금액과 사업 성과를 제시한다. 참여자는 제시된 사업계획에 자금을 투자한다. 투자금의 대가는 생산되는 농산물, 가공품, 체험과 같은 서비스를 받는다. 푸드 어셈블리^{LA RUCHE QUI DIT OUI}는 온라인과 오프라인이 결합된 O2O^{Online To Offline} 플랫폼이다. 농업 생산자들이 온라인 마켓 플레이스에 상품을 올려놓고 소비자가 구매하면 호스트가 주문한 물건을 배달하는 형태로 운영한다. 호스트는 플랫폼 관리와 상품 마케팅을 기획한다.

공유농업의 확산으로 농업·농촌의 가치 창출과 지속 가능한 농업이 실현된다. 농업을 매개체로 해 지역공동체 회복과 신뢰 사회가 구현될 것이다. 국민은 안전한 농산물을 얻고 건전한 식생활을 통해 행복한 삶을 즐길 수 있다. 지속적인 농업 발전을 위해 온 국민이 참여하는 좋은 사례라 할 수 있다. 향후 미래농업은 생산자와 소비자가 구분없이 서로 공유하며 참여해 상생할 것으로 기대한다.

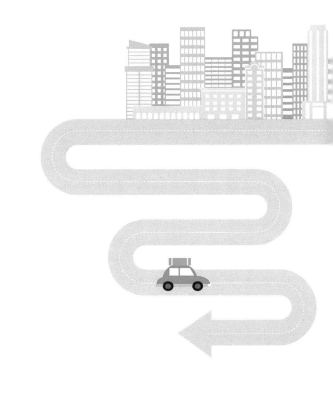

에필로그

농사에 대한 미련

시골에서 태어나서 자랐으며 농사짓는 것이 그 어느 것보다 어렵고 힘들다는 것을 잘 알고 있다. 그래서 농사일을 하지 않기 위해서 열심히 공부했다. 그 결과 직업으로 농사는 짓지 않고 있으며 에어컨 나오는 사무실에서 근무하고 있다. 그렇다고 농업과 전혀 관계가 없는 것은 아니다. 지금 하는 일은 농업인과 농촌지역이 발전할 수 있도록 지원하는 일이다. 농업 관련 분야에서 일하다 보니 농업의 중요성을 인식하게 됐고 농촌에 관심이 높아졌다. 향후 노후생활은 농촌에서 하겠다는 생각이 점점 확고해진다.

처음 주말농장은 호기심 많은 아이들에게 자연 생태환경의 변화와 작물 생육과정을 체험해주기 위해서 시작했다. 아이들은 첫해에는 정말 신나고 즐겁게 텃밭 활동에 적극적으로 참여했다. 그런데 시간이 지나면서 텃밭 활동보다는 또래 친구들과 놀기를 좋아하고 집에서 TV 보기를 좋아했다.

주말농장 활동은 2~3년이 지나면서 아이들보다는 내가 더 적극적으로 하게 됐다. 직장생활 10년이 지나면서 슬럼프가 찾아왔다. 매일 반복되는 생활이 싫어지고 상사와 관계도 힘들었다. 그동안 배웠던 지식은 직장생활 10년 만에 소진됐다. 인생을 힘차게 살아갈 수 있는 활력소가 필요했다. 지치고 힘든 상태에서 '주말농장'은 큰 힘이 됐다. 집과 회사만 오가던 단순한 생활에서 이웃 사람들과 만나서 소통하고 의미 있는 마을 일을 함께 추진하며 보람도 느꼈다. 직장생활에도 다시 적응하게 됐고 주어진 업무에 충실하게 됐다. 일과 가정의 양립을 위해서 좀 더 노력하며 실천할 수 있었다.

인생이 힘들다고 느껴질 때 주말농장은 큰 활력소가 됐다. 물론 주말농장이 생업은 아니었다. 생업이 아니었기에 부담 없이 주말농장을 시작할 수 있었고 다양한 분야의 도시농업을 실천할 수 있었다. 게다가 운 좋게 지난해에는 '도시농업' 업무를 맡게 됐다. 우리나라의 도시농업 정책에 대해 많은 고민을 하고 효과적인 결과를 얻을 수 있도록 노력했다. 도시농업의 현장을 꼼꼼하게 살펴볼 수 있었고 다양한 프로그램을 접할 수 있었다. 도시농업을 추진하면서 힘든 점과 이로운 점에 대해서도 가감 없이 보고 느낄 수 있었다. 도시농업 업무를 추진하면서 얻은 폭넓은 지식과 다양한 경험은 노후 인생을 설계하는 데 중요한 요인으로 작용했다.

회사가 인덕원에서 세종시로 이전한 지 2년 9개월이 지났다. 직원들은 하나둘씩 분양받은 아파트에 입주한다. 맘이 맞는 직원들과 함께 도시농업을 하면서 친하게 지내고 싶었다. 집에서 가까운 세종시 금남면 호탄리에 주말농장 3구좌를 신청해 직원 네 가족이 텃밭농사를 시작했다. 매일 직장에서 직원들을 만나지만 주말농장을 통해서 직원 가족들과도 더욱 친근하게 지낼 수 있다.

지난 6월 둘째 주 휴일에 네 가족이 모여서 바비큐를 했다. 바비큐는 아침 11시에 시작해 오후 5시까지 계속됐다. 처음 만나는 아이들과 엄마들도 맛있는 음식을 먹으면서 짧은 시간에 친해질 수 있었다. 직원 간의 상하관계를 벗어나 친구로 형과 아우로 관계가 형성됐다. 처음 만난 아이들도 언니, 오빠, 형, 동생으로 친해졌고 엄마들도 서로 친해졌다. 엄마들은 아이들 교육문제와 이사 후 세종시 생활에 대해 많은 이야기를 나누며 즐거운 시간을 보냈다. 앞으로도 바비큐 모임은 월 1~2회 지속적으로 진행할 예정이다. 도시농업을 핑계로 자연스럽게 직원뿐만 아니라 가족 간에도 소통하며 교류할 수 있다. 도시농업도 혼자하는 것보다는 여러 사람이 함께 모여서 하면 더욱 재미있고 즐겁다.

도시생활에서 흙을 밟으면서 살기는 어렵다. 그 흔한 초등학교 운동장도 먼지가 날린다고 고무로 탄성포장을 해놓았다. 도시에서 흙을 한 번 밟으려면 야외로 나가거나 등산을 해야만 한다. 인터넷과 모바일 서비스 발달로 우리는 너무 바쁜 세상을 살고 있다. 하루에도 수십 번 스마트폰을 쳐다보고 누군가와 계속 말이 아닌 문자를 주고받는다. 온라인상에서 상대방의 감정 따위 아랑곳하지 않고 그저 가볍게 하고 싶은 말을 수시로 보낸다. 현대인의 삶은 바쁘고 매일 반복적인 생활을 하고 있다. 삶의 활기를 찾고 싶다면 흙을 밟으며 도시농업을 체험하고 실천해 새로운 가치를 찾기 바란다. 그 가치는 우리가 돈으로 살 수 없으며, 텃밭에서 생산한 농산물에 비교할 것이 아니다. 삶이 힘들고, 무의미하고, 시간에 쫓겨 나를 돌아볼 시간이 없다면 도시농업 활동을 추천한다. 도시농업으로 삶의 여유를 갖고 주위를 돌아보며 인생의 속도를 조금은 늦추는 것도 좋을 것 같다.

농업의 기본적인 주요 기능은 식량의 안정적 공급과 자연환경의 공익적 기능이다. 농업은 일차적인 식량 생산뿐 아니라 홍수 조절과 수자원 보존, 대기 정화, 수질 정화, 토양 보전과 같은 다양한 역할을 한다. 하지만 지금의 농촌지역은 노령화로 농촌 마을이 붕괴되고 농업의 공익적 가치도 함께 사라지고 있다. 농업은 단순한 산업이나 경제 논리의 관점이 아닌 지속 가능한 보존의 대상으로 인식해야 한다. 농업의 새로운 패러다임을 인식하고 지속적인 농업을 위해 다양한 방법으로 준비해야 한다. 그 대표적인 사례가 도시농업의 실천이다. 도시농업을 통해 농업의 소중함과 새로운 가치 실현에 관심을 가져야 한다.

1
부록

도시농업
활동 사진 모음

주말농장-밭 고르기

주말농장-칠보산 생태똥집

주말농장-고구마 수확하기

주말농장-감자 수확

광교 논학교-잡초 제거

광교 논학교-모내기

부록 1. 도시농업 활동 사진 모음

광교 논학교-백중 행사

광교 논학교-탈곡하기

칠보 논놀이터-풍년 기원제

칠보 논놀이터-투모

부록 1. 도시농업 활동 사진 모음

칠보 논놀이터-논 주변 생태 관찰하기

칠보 논놀이터-새끼 꼬기

칠보 논놀이터-탈곡하기

칠보 논놀이터-콩 구워 먹기

옥상텃밭-농(農)정원

이웃과 소통하기

2

부록

2017년 도시농업
주요 현황

* 출처 : 2017년도 도시농업 현황조사 농식품부 종자생명산업과-3497, 2017.10.16. 집계 결과

01. 총괄

(단위 : 개소, ㎡, 명, 백만 원, 건)

구분	텃밭 수	텃밭 면적	참여자 수	2017년 예산	조례 제정
합계	121,605	11,062,959	1,894,101	39,475	98
농식품부·농진청	–	–	–	6,176	–
서울	23,051	1,955,143	625,474	14,326	17
부산	7,279	1,884,556	132,720	1,932	7
대구	1,326	733,037	197,611	1,612	4
인천	21,324	257,088	45,521	2,944	9
광주	673	261,072	52,794	826	6
대전	25,812	467,007	62,925	454	4
울산	2,403	163,714	33,151	1,161	5
세종	3,951	234,366	18,210	84	1
경기	15,805	3,277,508	552,675	6,571	26
강원	1,316	368,575	13,831	389	–
충북	1,001	203,473	11,833	366	1
충남	2,342	165,168	31,561	324	3
전북	167	131,932	13,205	559	3
전남	10,744	295,060	30,797	1,302	4
경북	1,653	318,045	21,086	142	3
경남	2,659	330,130	44,905	237	5
제주	99	17,085	5,802	70	–

02. 유형별 도시농업 현황

가. 주택활용형

(단위 : 개소, ㎡, 명)

시·도	텃밭 수	텃밭 면적	참여자 수	비고
합계	88,208	1,096,800	289,334	
서울	20,706	198,924	85,569	
부산	3,131	155,034	16,376	
대구	391	42,898	17,408	
인천	6,343	24,216	6,364	
광주	169	16,096	3,785	
대전	25,281	150,376	30,577	
울산	2,273	4,322	4,698	
세종	2,344	133,500	3,630	
경기	13,637	146,430	95,811	
강원	747	80,704	1,131	
충북	151	226	453	
충남	24	3,839	513	
전북	64	14,074	767	
전남	9,754	6,171	16,175	
경북	977	57,543	3,048	
경남	2,202	62,102	2,729	
제주	14	345	300	

* 법제8조1항1호 : 주택·공동주택 등 건축물의 내부·외부, 난간, 옥상 등을 활용하거나 주택·공동주택 등 건축물에 인접한 토지를 활용한 도시농업

나. 근린생활권형

(단위 : 개소, ㎡, 명)

시·도	텃밭 수	텃밭 면적	참여자 수	비고
합계	3,505	4,411,959	451,297	
서울	163	601,232	33,113	
부산	810	438,954	2,565	
대구	551	543,367	136,202	
인천	25	164,381	7,403	
광주	26	80,088	3,987	
대전	210	204,329	4,088	
울산	12	48,231	805	
세종	11	32,376	1,760	
경기	296	1,569,939	231,210	
강원	265	155,143	1,435	
충북	17	66,551	1,660	
충남	10	48,974	6,596	
전북	31	63,550	3,244	
전남	882	231,714	6,855	
경북	53	48,130	1,123	
경남	139	113,800	9,101	
제주	4	1,200	150	

* 법제8조1항2호 : 주택·공동주택 주변의 근린생활권에 위치한 토지 등을 활용한 도시농업
  예 주말농장

다. 도심형

(단위 : 개소, ㎡, 명)

시·도	텃밭 수	텃밭 면적	참여자 수	비고
합계	1,286	141,068	44,932	
서울	160	14,665	7,436	
부산	183	15,764	5,632	
대구	127	9,951	8,259	
인천	4	633	1,724	
광주	19	3,054	416	
대전	177	22,318	2,843	
울산	4	510	430	
세종	7	2,050	1,800	
경기	485	26,863	14,556	
강원	1	150	30	
충북	13	38,159	669	
충남	21	1,640	122	
전북	2	67	25	
전남	1	80	25	
경북	–	–	–	
경남	77	4,664	915	
제주	5	500	50	

* 법제8조1항3호 : 도심에 있는 고층 건물의 내부·외부 등을 활용하거나 도심에 있는 고층
건물에 인접한 토지를 활용한 도시농업 예 빌딩 옥상텃밭

라. 농장형·공원형 1,500㎡ 이상

(단위 : 개소, ㎡, 명)

시·도	텃밭 수	텃밭 면적	참여자 수	비고
합계	419	2,577,105	276,347	
서울	117	712,856	81,259	
부산	34	256,528	58,023	
대구	14	58382	3,180	
인천	6	51,643	6,526	
광주	34	144,914	3,718	
대전	12	61,914	1,366	
울산	3	9,604	1,177	
세종	2	9,900	620	
경기	146	1,092,251	110,706	
강원	–	–	–	
충북	–	–	–	
충남	11	44,780	5032	
전북	3	27,194	1,351	
전남	11	34,141	923	
경북	7	24,439	1,492	
경남	19	48,559	974	
제주	–	–	–	

* 법제8조1항4호 : 공영도시농업농장이나 민영도시농업농장, 도시공원을 활용한 도시농업
  1) 도시농업법 제14조 공영도시농업농장의 개설에 따라 등록된 농장 및 실제 지자체에서 조성·
     관리 중인 농장 포함
  2) 제17조 민영도시농업농장의 개설 등에 따라 등록된 농장 및 실제 민간단체 등에서 운영 중인 농
     장 포함

마. 학교교육형 30m 이상

(단위 : 학교 수, ㎡, 명)

시·도	텃밭 수	텃밭 면적	참여자 수	비고
합계	4,428	1,128,908	737,128	
서울	1,445	192,064	384,377	
부산	243	47,672	35,209	
대구	137	56,193	24,824	
인천	123	4,780	12,106	
광주	159	14,257	39,830	
대전	131	26,690	23,801	
울산	93	49,541	24,231	
세종	37	6,940	6,500	
경기	1,109	277,100	88,731	
강원	199	104,198	11,028	
충북	113	41,994	8,029	
충남	164	38,176	16,860	
전북	58	8,758	6,173	
전남	81	13,453	6,297	
경북	125	168,443	13,786	
경남	185	68,675	30,224	
제주	26	9,974	5,122	

* 법제8조1항5호 : 학생들의 학습과 체험을 목적으로 학교의 토지나 건축물을 활용한 도시 농업

• 298 •
4차 산업혁명 시대, 도시농업 힐링

바. 기타 텃밭

(단위 : 개소, ㎡, 명)

시·도	텃밭 수	텃밭 면적	참여자 수	비고
합계	23,759	1,707,119	95,063	
서울	460	235,402	33,720	
부산	2,878	970,604	14,915	
대구	106	22,246	7,738	
인천	14,823	11,435	11,398	
광주	266	2,663	1,058	
대전	1	1,380	250	
울산	18	51,506	1,810	
세종	1,550	49,600	3,900	
경기	132	164,925	11,661	
강원	104	28,380	207	
충북	707	56,543	1,022	
충남	2,112	27,759	2,438	
전북	9	18,289	1,645	
전남	15	9,501	522	
경북	491	19,490	1,637	
경남	37	32,330	962	
제주	50	5,066	180	

03. 지원센터, 인력양성기관, 연구회 및 교육 현황

가. 도시농업지원센터

(단위 : 명)

시·도	기관명	지정 일자	주요 강좌	교육 수료 인원*
합계	25개 기관			1,602
서울 (7)	㈔텃밭보급소	2014.03.31.	도시농부학교	15
	㈜라이네쎄	2014.04.25.	도시농부 양성과정	16
	㈐송석문화재단	2014.10.14.	도시농부학교	30
	㈔도시농업포럼	2015.01.15.	도시농부학교	15
	㈜자농아카데미	2017.02.22.	도시농부교실	30
	강동도시농업지원센터	2013.06.11.	–	–
	송파도시농업지원센터	2011.08.30	도시농부 초보교실	26
부산 (4)	부산도시농업시민네트워크	2014.03.04.	도시농업인 농사요령교육	60
	㈔부산도시농업포럼	2016.02.22.	꿈틀텃밭학교 등	30
	부산도시농업협동조합	2017.02.20.	도시농업인 농사요령교육	10
	동아대학교 친환경 도시농업연구소	2017.08.02.	–	–
인천 (2)	인천광역시농업기술센터	2012.07.19.	도시농부아카데미 등	229
	인천도시농업네트워크	2014.02.10.	도시농부 기초과정 등	27

시·도	기관명	지정 일자	주요 강좌	교육 수료 인원*
광주	(사)광주도시농업포럼	2016.02.25.	꿈틀학교 등	105
경기 (8)	한국미래도시농업지원센터	2015.05.	도시농부학교	–
	수원시농업기술센터	2017.04.	–	–
	고양도시농업지원센터	2016.09.	도시농업 전문가과정	–
	용인시농업기술센터	2017.02.	농사요령교육 및 실습	102
	화성시농업기술센터	2016.10.	도시농부학교	140
	남양주시농업기술센터	2017.02.	귀농·귀촌교육 등	14
	김포도시농업지원센터	2013.03.	도시농부학교	34
	과천도시농업지원센터	2014.07.	도시농부과정	600
충북	청주농업기술센터	2014.07.01.	영농정착기술교육 등	81
경북	가톨릭상지대학교	2015.01.30.	귀농·귀촌 및 도시농업과 정	–
경남	김해시농업기술센터	2017.03.08.	도시농부학교	38

* 도시농업법 시행규칙 별표1제3호다목에 따른 농사요령 교육과정40시간 교육 인원 집계

나. 전문인력양성기관

시·도	기관명	지정일	개설 강좌	교육 수료 인원	
				농사 요령 교육과정[1]	전문가 양성과정[2]
합계	42개 기관			1,613	1,090
서울 (4)	서울농업기술센터	2013.11.22.	전문가 양성과정 등	–	100
	㈜텃밭보급소	2014.06.25.	도시농업 전문가과정	–	46
	㈜전국도시농업 시민협의회	2017.02.17.	도시농부학교, 마스터과정 등	17	31
	㈜도시농업포럼 서울지회	2017.08.11.	전문가 양성과정	–	37
부산 (8)	부산시농업기술센터	2013.11.27.	전문가 양성과정	20	29
	녹색환경기술학원	2013.11.27.	전문가 양성과정	–	6
	부산귀농학교	2014.02.11.	전문가 양성과정	–	15
	부산도시농업 시민네트워크	2014.02.27.	전문가 양성과정	–	70
	한국평생교육원	2014.07.31.	전문가 양성과정	–	7
	도시농업전문가협회	2015.05.12.	전문가 양성과정	–	25
	부산도시농업협동조합	2017.02.20.	전문가 양성과정	–	15
	사부산도시농업포럼	2017.10.13.	전문가 양성과정	–	–
대구	대구농업기술센터	2017.11.01.	전문가 양성과정	–	–
인천 (2)	인천농업기술센터	2014.01.16.	도시농업법 이해 등	229	–
	인천도시농업네트워크	2014.02.06.	전문가 양성과정 등	–	89
대전	대전농업기술센터	2016.08.11.	도시농업 전문과정 등	33	28
울산	울산농업기술센터	2014.12.01.	전문가, 도시농부	20	18
세종	농업기술센터	2017.03.09.	전문가 양성과정 등	–	37
경기 (18)	경기도농업기술원	2017.06.13.	전문가 양성과정 등	–	48
	수원농업기술센터	2016.04.08.	전문가 양성과정 등	–	29

시·도	기관명	지정일	개설 강좌	교육 수료 인원	
				농사 요령 교육과정[1]	전문가 양성과정[2]
경기 (18)	고양도시농업네트워크	2012.08.01.	도시농부학교 등	64	–
	용인농업기술센터	2017.09.18.	도시농업 이론 및 실습	102	–
	㈜지엔그린	2016.02.25.	전문가 양성과정	–	22
	부천생생도시 농업네트워크	2017.10.10.	전문가 양성과정	–	–
	화성농업기술센터	2016.10.11.	도시농부학교 등	140	–
	파주생태문화원	2014.03.25.	도시농부학교 등	–	–
	경기도농부학교	2017.11.08.	도시농부학교 등	–	–
	남양주농업기술센터	2017.02.16.	귀농·귀촌교육 등	14	–
	시흥생명농업기술센터	2017.03.02.	도시농업대학 등	90	40
	김포농업기술센터	2017.03.07.	마스터가드너	–	38
	광명텃밭보급소	2014.03.19.	도시농부학교, 전문가과정	171	28
	양주시농업기술센터	2017.03.23	전문가 양성과정	1	20
	안성시농업기술센터	2017.01.24	마스터가드너	–	–
	포천농업기술센터	2014.03.19.	전문가 양성과정	31	–
	한국사이버원예대학	2012.12.03.	전문가 양성과정 등	600	239
	한국미래도시 농업지원센터	2015.05.27.	도시농업 전문가과정 등	–	–
충북	청주농업기술센터	2014.07.01.	신규농업인 영농교육	81	–
전북	익산시농업기술센터	2017.04.10.	전문가 양성과정 등	–	40
전남	전남농업기술원	2017.09.22.	전문가 양성과정 등	–	–
경북	가톨릭상지대학교	2015.01.30.	전문가 양성과정 등	–	33
경남 (2)	㈜한길평생교육원	2014.07.11.	전문가 양성과정 등	–	–
	김해시농업기술센터	2017.03.08.	전문가 양성과정 등	–	–

1) 도시농업법 시행규칙 별표1제3호다목1에 따른 농사요령 교육과정 40시간 교육 인원 집계
2) 도시농업법 시행규칙 별표2제3호다목2에 따른 전문가 양성과정 80시간 교육 인원 집계

다. 도시농업연구회

구분	기관명	명칭	구성일	인원	추진 활동
합계		39개		1,910	
농진청 국립 원예특작과학원		도시농업연구회	2011.06.20.	332	도시농업 인식 확산과 정보 교류
서울 (2)	농업기술 센터	도시농업 발전연구회	2014.02.03.	80	도시농업을 위한 다양한 활동
	종로구	종로애농부	2012.01.	20	사례연구, 기술지원 등
부산 (5)	시	도시농업 전문가그룹	2015.09.	13	도시농업 자문 및 연구
	동아대학교 도시농업연구소		2015.03.	10	친환경도시농업 연구
	부산교대 생태도시농업연구소		2014.11.	20	도시농업정책연구
	도시농업 전문가		2014.03.	30	도시농업발전 및 확산 지원, 교육
	큰나무심리연구소		2016.11.	25	치유농업 연구 및 교육
대구	달성도시농업연구회		2012.08.20.	135	과제교육, 현장컨설팅, 홍보 등
대전 (2)	농업기술 센터	도시농업 전문가회	2013.12.09.	40	자체교육 및 봉사
	대덕구	도시농업연구회	2013.09.	18	월 정기모임 등
세종 (2)	도시농업연구회		2009.12.29	57	전시회 개최, 시범사업 등
	도농상생연구회		2017.02.06.	40	전시회 개최, 시범사업 등
경기 (11)	고양시 (3)	마스터가드너협회	2015.11.	106	자체교육 및 정보 교환
		산업곤충아카데미	2015.12.	26	자체교육 및 정보 교환
		체험교육농장연구회	2011.02.	40	체험교육농장, 도시농업 축제 참가
	용인시	도시농업연구회	2013.02.28.	11	텃밭교육, 해충퇴치제 실습 등
	부천시	도시농업연구회	2013.02.22.	12	도시농업 과제발굴 및 대안 제시

	화성시	도시농업연구회	2014.12.29.	30	화성박람회 참여 연구 등
	남양주시	도시농업위원회	2015.07.01.	13	도시농업활성화 계획 수립 등
	파주시	도시농업연구회	2016.02.10.	37	시정사업 참여, 교육훈련 등
	광주시	도시농업연구회	2011.07.08.	43	교육 봉사 활동 등
	이천시	도시농업연구회	2016.12.02.	20	원예치료 프로그램 운영 등
	포천시	도시농업연구회	2014.12.	40	도시농업활성화 지원
충북 (3)	청주(2)	마스터가드너연구회	2015.01.05.	49	정원조성 등 봉사 활동
		원예치료연구회	2015.01.05.	46	취약계층 원예활동 봉사
	충주	야생화연구회	2008.	45	교육 및 작품전시 등
충남	도	도시농업발전연구회	2016.03.	32	도시농업 아이디어사업 발굴 등
전북 (2)	전주시	도시농업연구회	2016.03.29.	25	도시농업 현장교육, 텃밭 조성 등
	남원시	농원분양주협의회	2015.04.12.	60	허브식재, 관리, 수확, 체험 등
전남 (3)	도	도시농업연구회	2013.05.06.	105	역량 강화, 생활원예경진대회 등
	순천(2)	도시농업연구회	2015.07.	35	어울림한마당 행사 지원 등
		생태도시농업공동체	2017.11.	40	관련 사업, 체험 프로그램 운영
경북 (2)	포항시	도시농업연구회	2010.07.01.	60	도시농업연구
	상주시	마스터가드너상주지회	2016.11.09.	29	마스터가드너 자원봉사 활동
경남 (4)	창원시	도시농업연구회	2011.11.29.	51	과제교육, 텃밭 가꾸기 등
	통영시	도시농업연구회	2011.03.30.	35	체험학습장, 실습포 운영 등
	김해시	도시농업연구회	2013.01.09.	60	학습장 관리, 시범 텃밭 운영 등
	거제시	도시농업연구회	2014.03.20.	40	과제교육, 텃밭 가꾸기 등

라. 지자체 도시농업교육

(단위 : 회, 명)

지자체 명	교육 내용	교육 횟수	연 교육 인원	비 고
합계		4,120	181,609	
서울	도시농부학교 교육 등	1,350	56,554	
부산	도시농업 시민교육 등	190	11,175	
대구	전문가 양성, 도시농부학교 등	224	8,256	
인천	공공주말농장 영농교육	5	1,081	
광주	도시농부학교, 텃밭교육 등	22	770	
대전	도시농부 양성 등	12	1,298	
울산	생활원예 전문가 양성과정	4	614	
세종	도시농부교실, 전문가 등	138	5,435	
경기	도시농업아카데미 등	1,504	71,268	
강원	주말농장 분양 및 기초교육 등	119	4,048	
충북	텃밭가꾸기 등	43	2,295	
충남	도시농업 텃밭교육 등	273	7,126	
전북	도시농부 교육 등	58	557	
전남	전문가과정, 마스터가드너 등	93	5,638	
경북	도시민텃밭교육 등	2	543	
경남	도시농부학교, 마스터가드너 등	68	4,494	
제주	마스터가드너	15	457	

4차 산업혁명 시대, 도시농업 힐링

참고 문헌

· 《건달 농부의 신나는 주말농장》 이강오, 2016, 글로벌콘텐츠.

· 〈도시농업〉 농촌진흥청, 2013.

· 〈도시농부〉 ㈜전국도시농업시민협의회, 2017.

· 〈어떻게 도시에서 농사짓지?〉 ㈜전국귀농·귀촌운동본부 텃밭보급소, 2011, 경기농림
  진흥재단.

· 〈식물공장 중장기 정책 수립 방안 연구〉 충남대학교산학협력단, 2016, 농림축산식품부.

· 〈스마트팜 운영실태 분석 및 발전 방안 연구〉 한국농촌경제연구원, 2016, 농림축산식품부.

· 〈스마트시대, 스마트 농업〉 인터러뱅 13호, 2011, 농촌진흥청.

· 《자연을 꿈꾸는 학교텃밭》 여성환경연대, 2011, 들녘.

· 〈제6회 대한민국 도시농업박람회 결과보고서〉 시흥시, 2017, 농림축산식품부.

· 〈치유농업 현황과 정착방안 심포지엄〉 한국농촌경제연구원, 2014, ㈜도시농업포럼.

· 《클라우스 슈밥의 제4차 산업혁명》 클라우스 슈밥, 2016, 새로운 현재.

· 〈텃밭정원으로 떠나는 꿈틀여행〉 농림축산식품부, 2016.

· 《10만 시간의 공포》 김흥중, 2016, 가나북스.

본 책의 내용에 대해 의견이나 질문이 있으면
전화(02)3604-565, 이메일 dodreamedia@naver.com을 이용해주십시오.
의견을 적극 수렴하겠습니다.

4차 산업혁명 시대,
도시농업 힐링

제1판 1쇄 인쇄 | 2018년 9월 14일
제1판 1쇄 발행 | 2018년 9월 21일

지은이 | 이강오
펴낸이 | 한경준
펴낸곳 | 한국경제신문 *i*
기획·제작 | ㈜두드림미디어

주소 | 서울특별시 중구 청파로 463
기획출판팀 | 02-3604-565
영업마케팅팀 | 02-3604-595, 583   FAX | 02-3604-599
E-mail | dodreamedia@naver.com
등록 | 제 2-315(1967. 5. 15)

ISBN 978-89-475-4393-4 03520